U0175252

DESIGN WISDOM IN SMALL SPACE II

小空间设计系列Ⅱ

RESTAURANTS

餐厅

（美）乔·金特里/编 李婵/译

辽宁科学技术出版社
·沈阳·

CONTENTS 目录

THEME RESTAURANTS
主题餐厅

CASUAL FAST-FOOD RESTAURANTS
休闲餐厅

THEME RESTAU-RANTS

主题餐厅

设计：独荷建筑设计

摄影：M2 工作室

地点：中国 上海

32m²

如何打造一家环境舒适的特色餐厅

POKE POKE 餐厅

设计观点

- 运用简单的色调与材质
- 合理调整室内布局

主要材料

- 马赛克、钢材

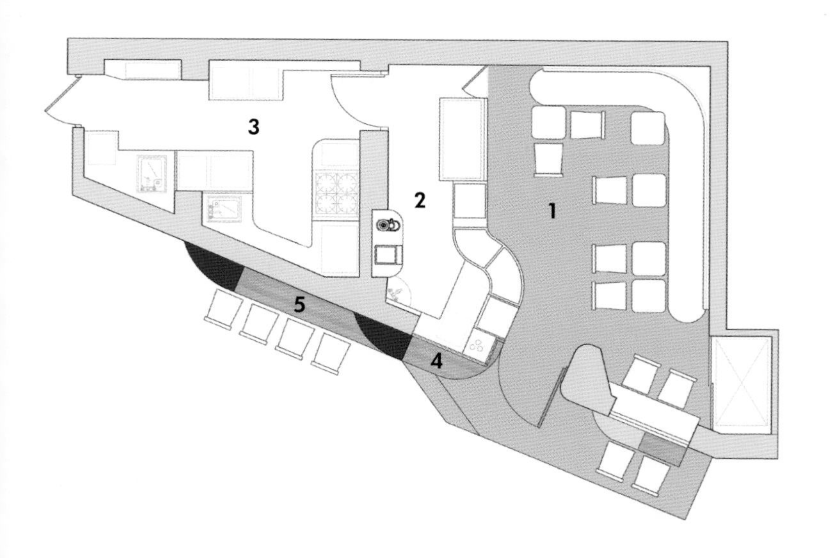

平面图

1. 就餐区
2. 柜台
3. 厨房
4. 外带窗口
5. 室外座区

POKE
POKE

背景

这个 32 平方米的项目位于上海市静安区的一个老弄堂的一楼，渐变的蓝色立面和冲浪板式的工作台面打造了一个大胆的都市宣言。

设计理念

业主希望在这个狭小的空间内打造一个融入了夏威夷元素的现代餐馆，这也是设计师在工作过程中面临的主要挑战。

设计师将点餐区向室外延伸形成户外吧台，从而创造了室内空间和室外空间的自然过渡。由渐变马赛克组成的店铺立面逐渐由大海的蓝色过渡到白色，为街道增添了一抹斑斓的色彩。

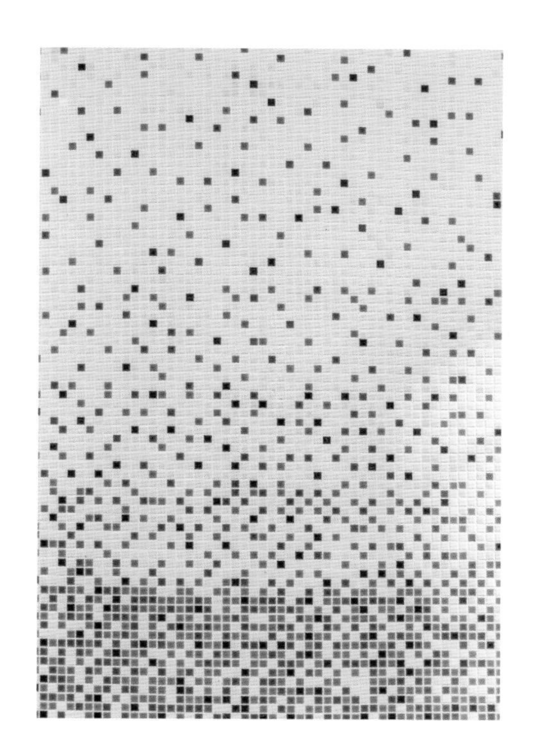

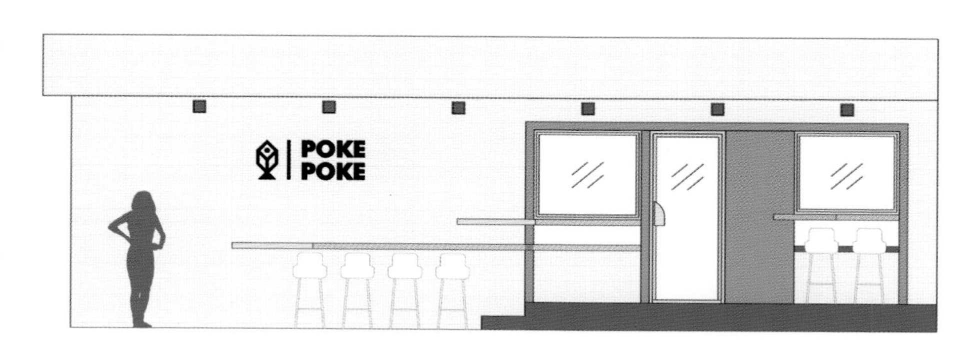

外观立面图

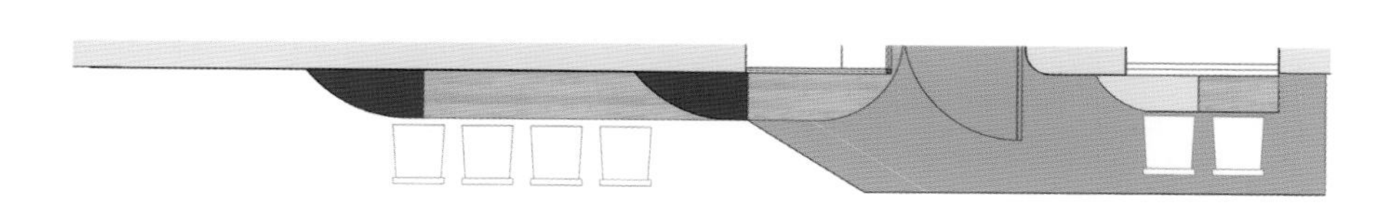

室外平面细节图

We ♡
Poke

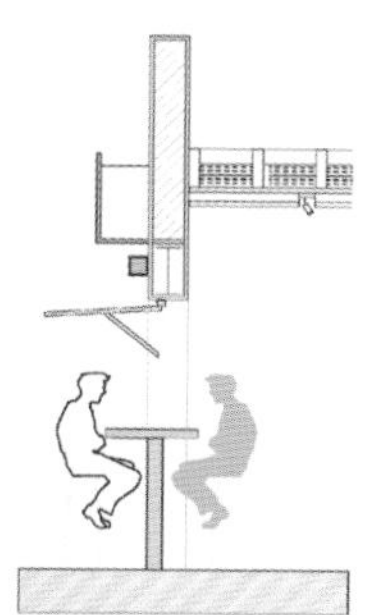

就餐区剖面

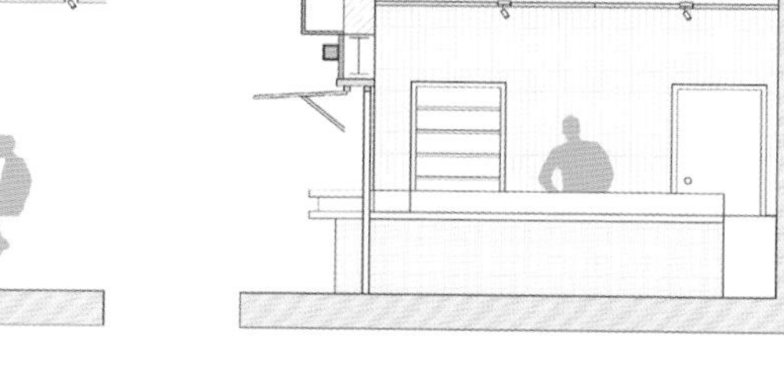

点餐区剖面图

为了打造宽敞的厨房和用餐空间，建筑师对室内进行了拆除，并用钢结构加固。室内采用了简单的色彩，以营造如同咖啡馆一般的舒适氛围。

设计：Masquespacio 设计公司（http://www.masquespacio.com）

摄影：路易斯·贝里斯坦（http://www.luisbeltran.eu）

地点：法国 里昂

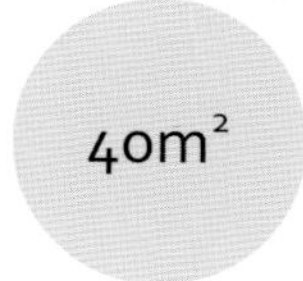

如何通过设计将传统食物与现代世界联结

Piada 餐厅

设计观点

- 尊重意大利传统食物特色
- 选用亮丽色彩

主要材料

- 瓷砖、木材

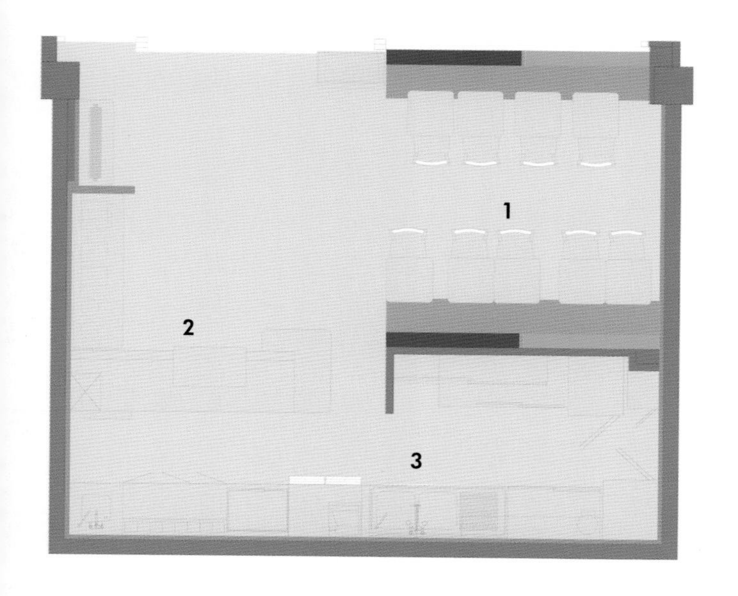

平面图

1. 就餐区
2. 柜台
3. 厨房

背景

Arthur 和 Mathilde 的母亲一直梦想着为她的孩子们在法国里昂市开设一家意大利餐厅，出售他们最传统的食品之一，即"Piadina"，这是一种面包，可以用作配菜，也可以填充意大利美食中的典型配料，如火腿、意大利干酪和番茄。

餐厅选址在新旧城区交会处的购物中心内，一面是现代风格建筑，一面是突显老城区特色的夜间俱乐部。

设计理念

关于设计方向，最初就很清晰。他们需要设计一个从产品中可以表现出这里是来自意大利的空间，包括其传统元素和天然成分。空间里既需要有传统元素，也需要具有现代美学。

Masquespacio 从一开始就选择使用具有工匠风格的瓷砖等一系列元素，比如金色酒吧灯和带镜子的弧形，让我们想起了古代意大利的传统酒吧。另一方面，使用植物、木材和陶土可以看到自然的触感。此外， 从一开始，Piada 的创始人选择了霓虹灯作为关键元素。

大量的色彩被用来照亮整个餐厅，同时也让顾客能够在这里怀着愉悦的心情享受美味的 Piadina。

UN PO DI
ITALIANITÀ

SALMON
KEEP CLAM AND UKULELE ON
Poké
读作
[POH-kay]
It's a Beautiful Day!
HAWAII IN A BOWL.
ALOHA
HULA 'AUANA~
SHAKA
Poké Bowl
夏威夷冲浪碗
当地的冲浪爱好者们
都喜欢将它称之为
"冲浪碗"
LET'S DO SOME
Summer Loving
一碗回到夏威夷
Hawaii in a bowl

设计：深圳华空间设计顾问有限公司

摄影：陈兵工作室

地点：中国 深圳

如何营造一个能够彰显食物特色的餐饮环境

Poké-doke 餐厅

设计观点

- 尊重食物来源地的独有特色
- 打造独特的就餐体验

主要材料

- 瓷砖、混凝土

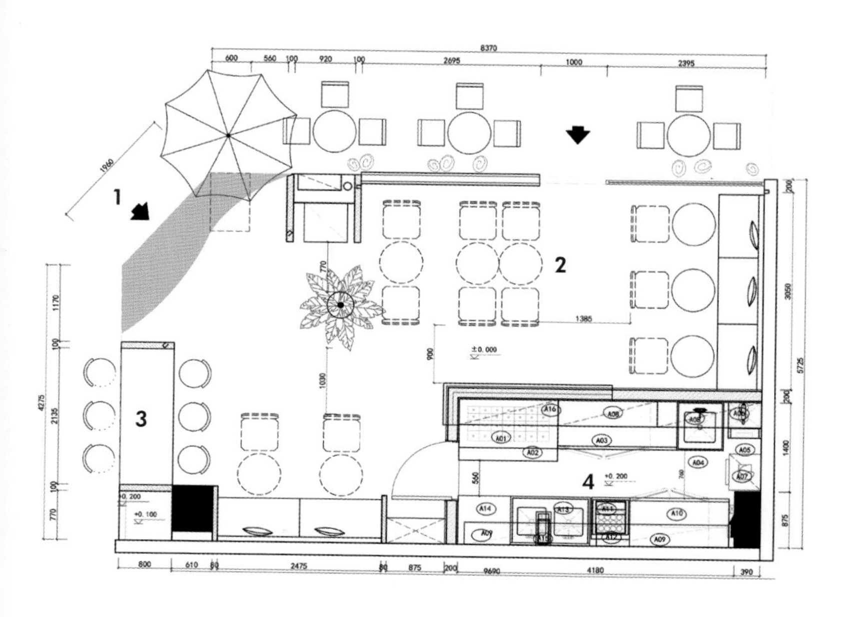

平面图

1. 入口
2. 就餐区
3. 高吧台
4. 厨房

背景

Poké（夏威夷冲浪碗）是一种夏威夷的特色主食，这个词在夏威夷语是“切片”的意思，一开始是当地渔民的零食，看起来像是鱼生沙拉，也有点像日本菜里的鱼生饭。现已成为纽约以及整个美国的餐饮新宠。

设计理念

Poké-doke 是国内首家 Poké 专卖店，为 Poké 爱好者供应营养美味的食物，这里同时也是关注休闲健康理念人群的聚集地，为此设计师受托能创造一个愉悦轻松的就餐环境。

设计师将夏威夷的自然、阳光、趣味、休闲融入餐厅内，让顾客感受到与夏威夷地区文化的强烈关联。独特的绿植、冲浪板、墙上色彩斑斓的手绘画等均令人联想到夏威夷惬意时光，也希望人们在用餐时能够用最大限度的感官来享受美好的生活和美味的食物。

Welcome all!

设计：sella 概念设计工作室

摄影：尼可拉斯・沃利

地点：英国 伦敦

56.3m²

如何打造地中海风格餐厅

欧玛餐厅

设计观点

- 选择恰当的材质和色调
- 运用定制家具和装饰

主要材料

- 陶土砖、瓷砖、木材、石膏、耐候钢

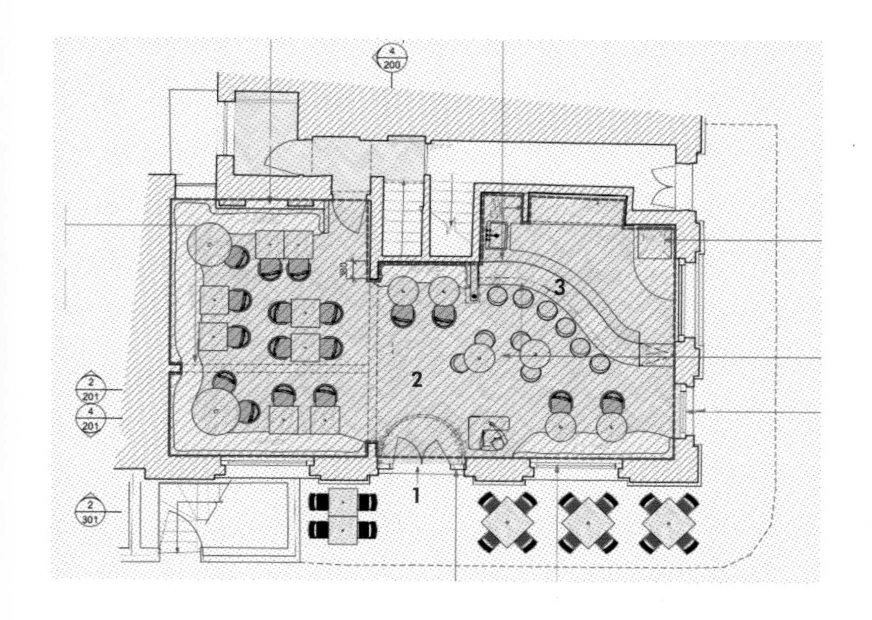

平面图

1. 原有座区
2. 就餐区
3. 高吧台区

背景

餐厅位于剑桥街的角落，由一个历史悠久的小酒吧改造而来。sella 概念设计工作室与威尔森·霍洛韦建筑工作室合作对这一建筑翻新项目为当地规划委员会提出建议。主餐厅可容纳 36 位用餐者，地下室中的酒窖式私人活动区可容纳 50 人，并于 2018 年中期开放。

设计理念

受到 Shabaan 本身的埃及背景以及在马略卡出生的厨师文森特·福尔泰设计的地中海风格菜单的影响，这一餐厅设计围绕太阳展开。

“太阳的圆形形状成为核心元素，从导视系统到餐厅特色再到家具设计，包括吧台的形状，细木工的弯曲边缘以及带凹槽的餐椅座位”， Sella 在阐释设计理念时这样说道。

精心选择的材料和色调强化了地中海主题，抛光赤土墙，彩色水磨石砖和木纹地板营造出温馨而有凝聚力的空间氛围。

“在色彩上，我们选择泥土色为主要基调，旨在与地中海风格背景相呼应。当然，也为整个空间的配色奠定了基调”，设计师解释说。“在材料选择上，我们将天然有机的木材与石膏、耐候钢、美丽的水磨石、黄铜、天鹅绒和装饰镜面相结合”，设计师补充道。

餐厅内部墙壁和装饰选用互补色调，桃色和青色进行粉饰，让人眼前一亮。简洁的金属线条装饰与柔和的家具形成鲜明对比，墙壁上的黄铜装饰以及镀铜金属元素起到补充作用，更加完善了整体方案。

餐厅内大多数配饰和构件都是专门制作的，包括汉森餐桌、Note 设计工作室摇椅、D'Armes 灯饰以及 Pool 吊灯。

设计：大卫・库塔建筑室内设计工作室（www.davidguerra.com.br）

摄影：乔玛・布拉干

地点：巴西 贝洛哈里桑塔

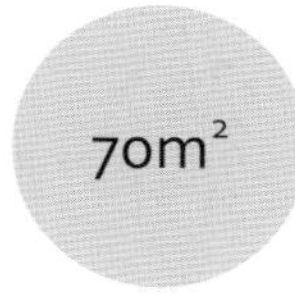

如何打造高端的就餐与养生体验

Marília 养生餐厅

设计观点

- 引用当地特色元素
- 恰到好处的配色

主要材料

- 铝、木材、黄铜

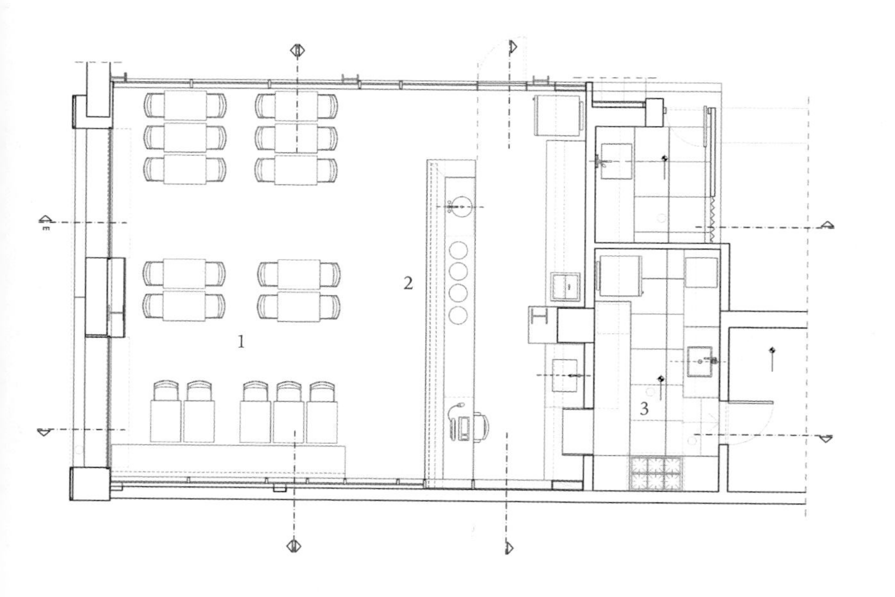

平面图

1. 就餐区
2. 柜台
3. 厨房

背景

这是一家位于巴西的餐厅，空间约 70 平方米。整家店面采用极具当地特色、热情洋溢的色调装饰，在街道上形成一道亮丽的风景线。

设计理念

这一餐厅的理念是提供健康饮食（包括早中晚餐），在设计上要求营造一个舒适放松的空间，为食客提供美好的就餐体验。

由矩形木盒组成的结构覆盖在墙壁上，具有不同的尺寸和透气性，整体暗示了更为传统的味道。这一概念同时也被运用在立面上。

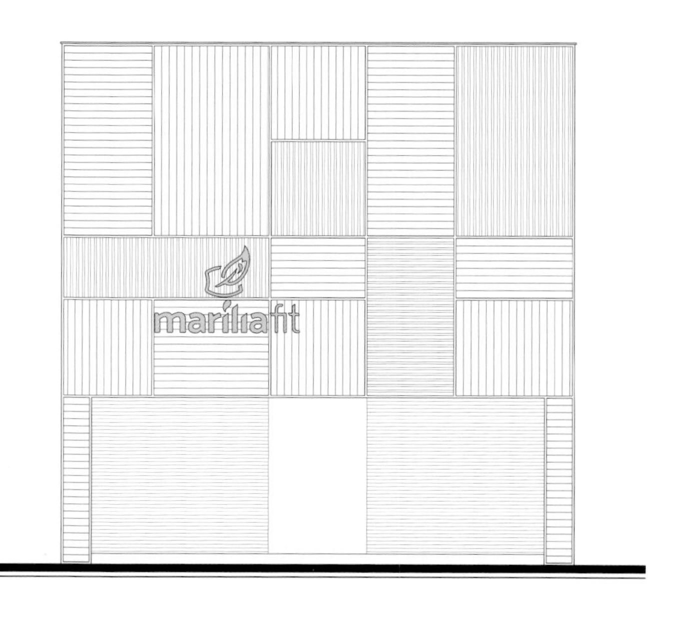

外观立面图

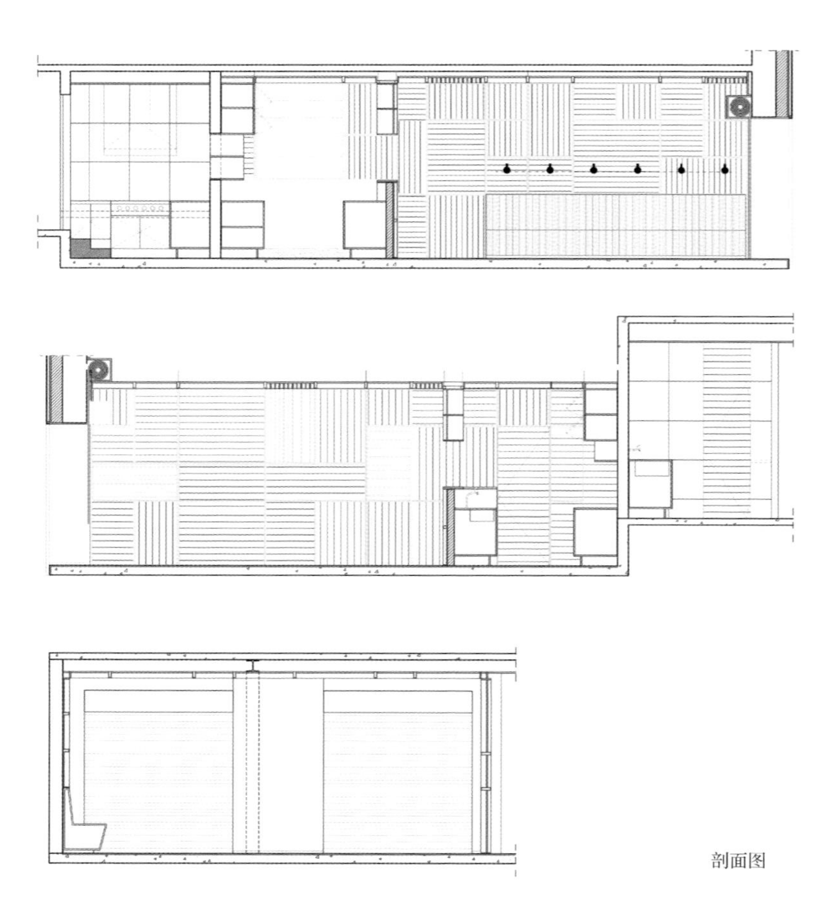

剖面图

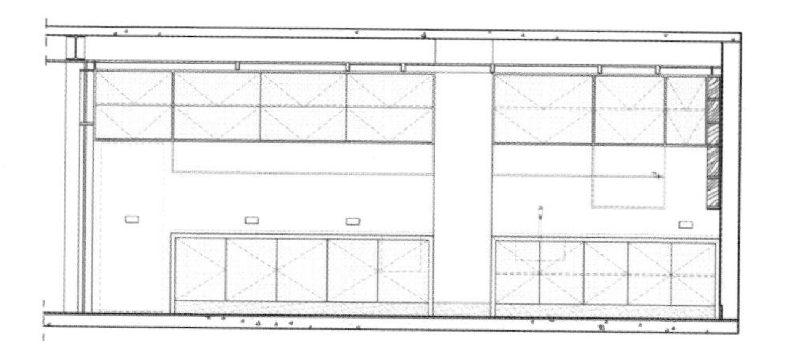

色彩选择旨在加强空间氛围与阳光、夏日以及喜悦心情之间的关系。后侧墙壁上黄色与绿色相结合，蓝色的沙发与红色的椅子也象征着与自然的紧密联系。意大利特制土色调地板给人舒适和放松的感觉。

灯光由设计师专门打造，在不同的方向上形成光矩阵。另一个亮点是格巴黄铜风扇，象征着复古与宁和。一面墙壁特意选择深灰色和黑色，以与其他鲜艳的颜色和木色相互突显。

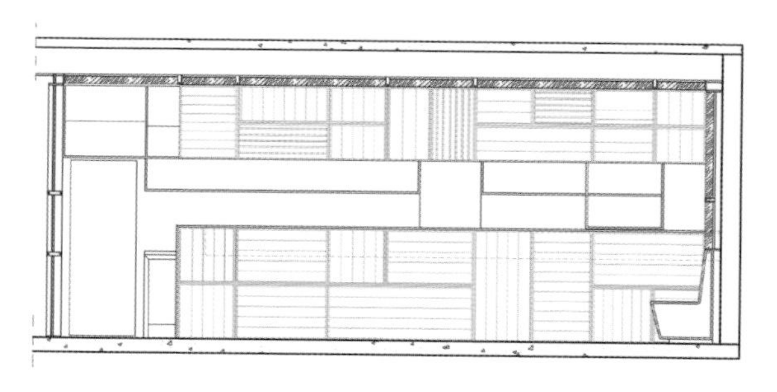

剖面图

O JEITINHO BRASILEIRO
Bíblia do Churrasco
Avenida Ipiranga

设计：独荷建筑设计

摄影：Markovic Nebojsa

地点：中国 上海

如何将巴西风格融入上海

BOTECO 餐厅

设计观点

- 从巴西当地生活中获得灵感
- 选用巴西风格装饰元素

主要材料

- 瓷砖

平面图

1. 就餐区
2. 柜台

背景

Boteco 是一个巴西酒吧餐厅，设计灵感来自悠闲的巴西当地生活。

设计理念

来自巴西的业主想要在中国开办第一个真正的巴西酒吧，希望建筑师撷取巴西当地的氛围元素并融合到现代的上海。

墙体上手绘了 Malandro 的壁画，这个白衣男子是巴西人理想中酷酷的形象。壁画两端的架子上摆满了来自巴西的小装饰品和宝贝。

经典的黑白方格图形地板是向巴西街区的许多当地酒吧致意。在萨尔萨之夜，墙上有铰链的桌子可以很容易地被清理并让出场地。地板上有标出一个区域供现场乐队驻场。

墙壁和吧台使用的醒目的绿色瓷砖让人联想起巴西的颜色，创造出一个让人感觉置身于南美的空间。

设计：ekleva gregori 建筑师事务所

摄影：弗拉维奥·科杜

地点：斯洛文尼亚 卢布尔雅那

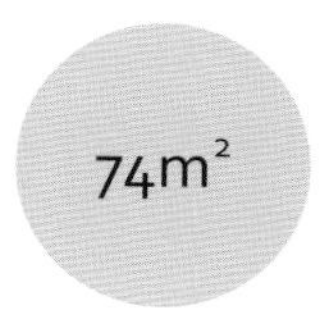

如何在菜单设计和空间设计之间建立关联

EK 餐馆

设计观点

- 深入了解餐厅菜品特色
- 尊重原有建筑元素

主要材料

- 大理石、耐候钢

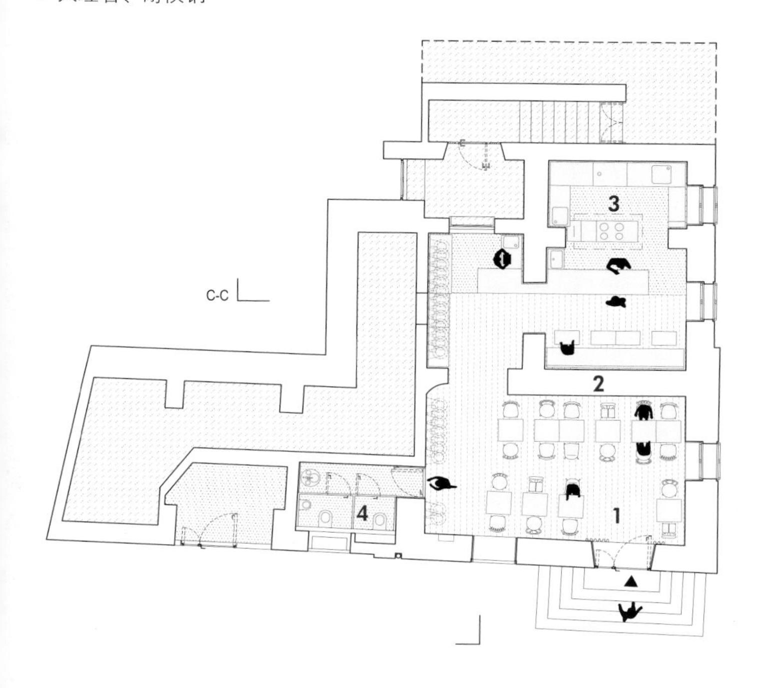

平面图

1. 就餐区
2. 柜台
3. 厨房
4. 卫生间

背景

这是一座建于19世纪的半地下街角建筑，面向一条小河和一条人迹罕至的小巷。以前，这里曾是各种商户的集散地，酒窖也曾入驻。

设计理念

设计工作源自一个周六的早晨——设计师收到了一份简短的早午餐餐单，而非枯燥无味的技术要求清单。餐厅大厨列出了未来小餐馆的全部菜式。其详尽的介绍帮助他们了解了供应食物的特性、准备工作的重要性和早午餐仪式的复杂性。

在讨论食物和配料的时候，设计师便决定将这个项目和菜单联系起来。食物并没有隐藏原材料，而是公开地展示了它们，所以设计师以同样坦率的方式公开展示了这个空间：拆除了墙壁和天花板，从而展示了空间的历史。裸露的墙壁呈现了过去的记忆——混合了砖石结构和拱顶的19世纪城镇建筑的典型特征。

定制的白色大理石桌子参照了法式传统小酒馆桌子的样式——成块板材由黑色钢条支撑。较小尺寸和规整的形状利于灵活改变座位布局，以适应个人、夫妻或私人团体就餐。

灯具也进行了缩减，只剩下光秃秃的灯泡通过铜线连接，铜线顶着天花板和墙壁，然后消失在木地板和砖墙连接处的缝隙中。

薄薄的黑色金属条也以空间结构的形式应用在食品展示墙上，用于支撑定制的陶土碗和平盘，巧妙地设计重新定义了普通的陈列架样式。耐候钢作为裸露的砖墙的装饰，将所有不规则的墙体开口（从入口门到窗户开口）框起来，同时定制的隔断墙将卫生间完全围起来。

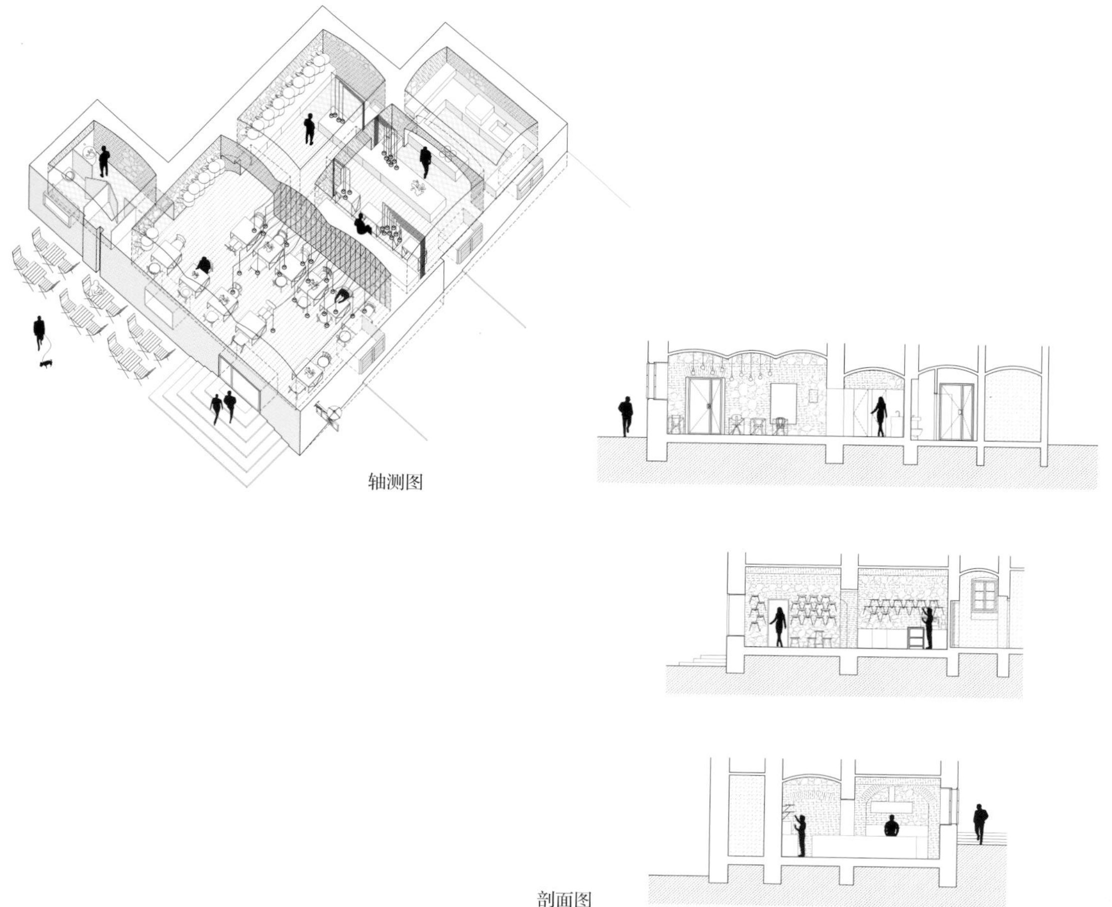

轴测图

剖面图

裸露的材质强化了空间的触感，同样也让顾客的美食之旅充满了趣味——在一个阳光明媚的周六早晨，与朋友们共进早餐是一种多么令人愉快的体验。

CAPE HORN
WORLD'S SOUTHERNMOST BEER
PATAGONIA ARGENTINA

设计：HitzigMilitello 建筑师事务所（www.estudiohma.com）

摄影：埃斯特班·罗伯

地点：阿根廷 乌斯怀亚

75m²

如何实现“水下世界”的理念

卡萨·奥尔莫餐馆

设计观点

- 选择能够诠释主题的相关元素
- 突出建筑自身的风格

主要材料

- 木材

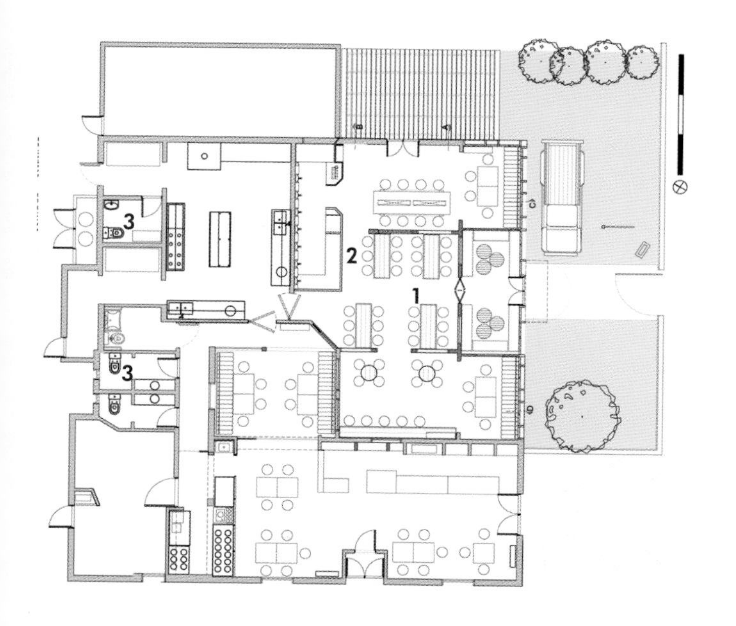

平面图

1. 就餐区
2. 柜台
3. 卫生间

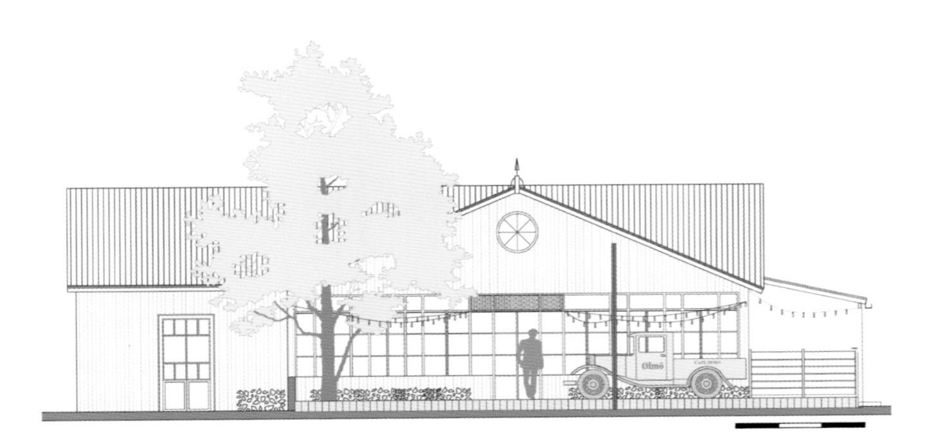

外观立面图

背景

这一餐厅位于地球最南部的城市乌斯怀亚，那里自然条件相对恶劣，冰川以及野生湖泊仿佛讲述着达尔文的物种进化论。港口成了游客的庇护所，同时，设计者也从这里获得了许多灵感。

设计理念

客户要求不能改变建筑的风格，只需营造出适当的空间氛围。原有建筑属于奥尔莫家族（他们是这个城市的第一批原住民），极具当地特色。

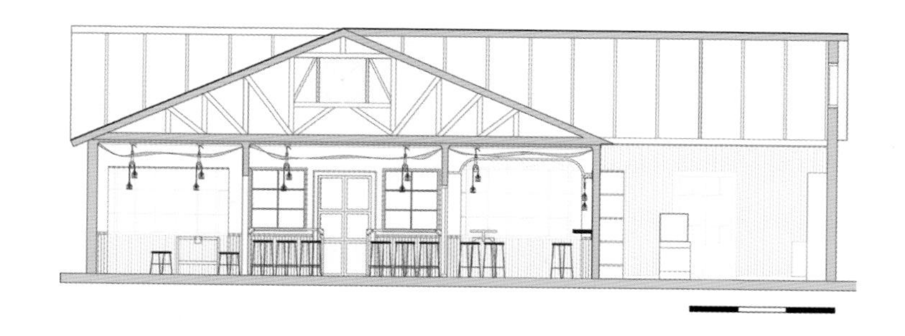

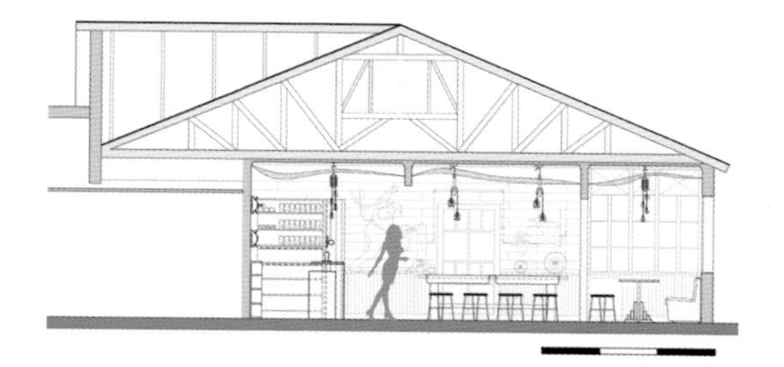

剖面图

设计师从距离城市 43 千米的好望角获得灵感，意图打造一个神奇的水下世界，就像凡尔纳的画作中呈现的一样——来自另一个世纪的机器和场景成为主角。设计师专门打造了水生生物、海藻、镰刀，并将其和港口相关的元素结合在一起，比如指南针、牛的眼睛等。最终打造了一个梦幻空间。

设计师用绳索将航海滑轮联结在一起，打造了特色十足的照明灯具。同时，巧妙运用适应不同空间的旧地图图像，将其绘制在墙上，或贴在浴室的墙纸上。旧的啤酒桶也被充分利用，其灵感来自赞助的啤酒品牌商。

工业美学风十足的装饰和家具与空间设计理念相伴而生，融合了与其地理位置紧密相关的狂野与神奇。

设计：Amoo 设计事务所

摄影：何塞·艾维亚

地点：西班牙 巴塞罗那

$84m^2$

如何通过设计提升餐厅客流量

Xanci Meli 餐厅

设计观点

- 运用现代设计手法诠释原有的传统元素
- 适当增添现代风格材质

主要材料

- 石板、金属

平面图

1. 休闲区
2. 餐吧区
3. 就餐大厅
4. 卫生间

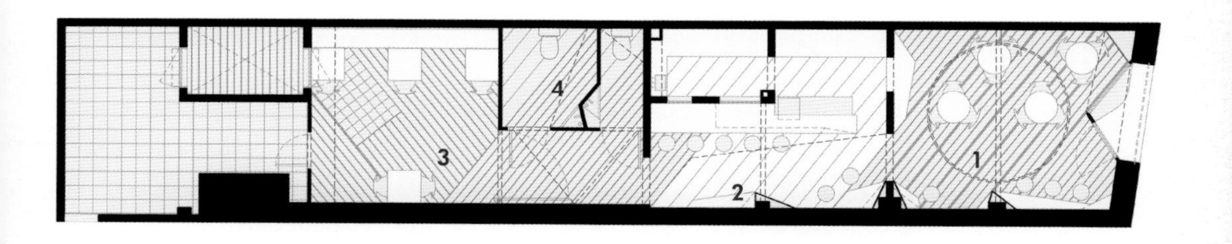

背景

餐厅位于 El Putget i Farró 的心脏地带，这是近年在巴塞罗那年轻族群中越来越流行的发展区域。原有餐厅在十多年前就已经停业了，其空间呈管状造型，其规格为 17 米 x3.8 米。此次设计要求修复损坏最严重的部分，但需尽量保留已有结构。

设计理念

这是一家传统的加泰罗尼亚餐厅，供应传统美食，并在此基础上注入一丝现代气息。当然，在这里，周末还供应苦艾酒。

设计中保留了原有的承重墙，并将空间划分为三个区域，满足餐厅的功能需求。

休闲区：入口处是干净清爽的酒吧休闲区，保留了原有空间的高度，适合三五好友相约喝杯小酒，小酌之暇或坐或站，随性而恣意。

餐吧区：这一区域布置在第一堵承重墙之后，可以直接看向入口的酒吧区，也可以看到厨房，设有吧台，空间高度可变。

就餐大厅：穿过餐吧区，便可通往后面的休闲就餐区，空间高度被压低，摆放着舒适的桌椅。光线从天井照射进来，改变了这里原有黑暗阴沉的状况，营造出开放清新的氛围。

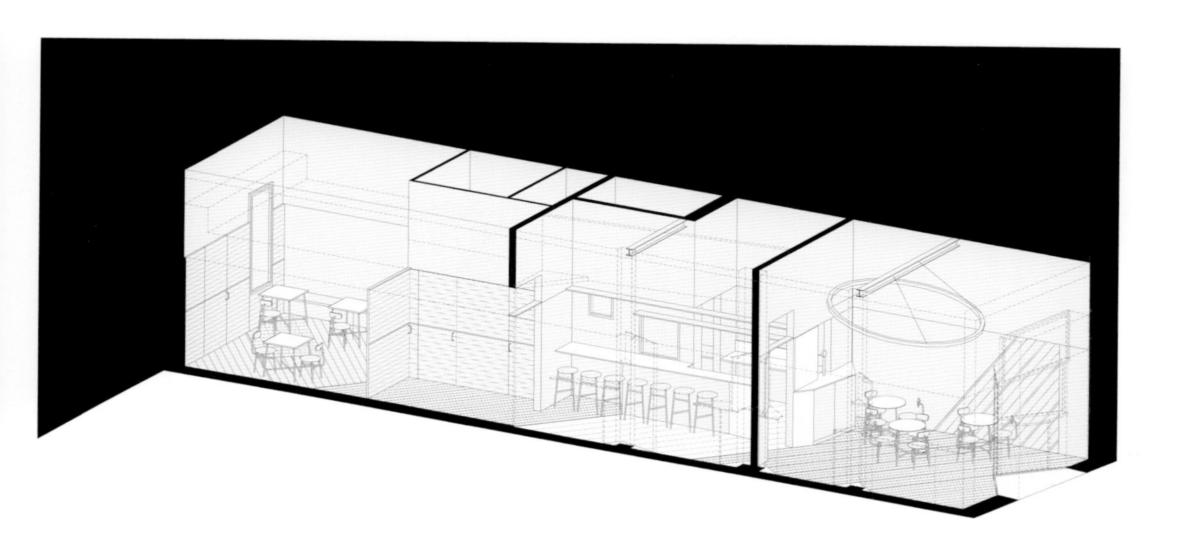

轴测图

设计师借助材质、几何造型及它们之间的排列方式与原有建筑建立了对话，即加泰罗尼亚传统的建筑元素与现代风格处理手法之间的对话。几乎所有空间结构，从地面到天花，都饰以统一的白色。

墙面：原有墙皮被去除之后，不同的砖石或砌块裸露出来，或以实心砖黏合剂连接，或以分隔墙连接。新添加的壁挂结构并无更多特色，或是被覆盖或是被喷漆。

人行道：传统的楼板是加泰罗尼亚砌体中最普通的基层材料，但这里是按一定角度布置的，纵向接缝为 1 厘米，横向为闭合接缝，标记着路面的方向。入口处，每 3 块石板采用白色大理石条间隔，用于强调方向感和纵深感。在与吧台相连的中间区域内，铺有 60 厘米 x40 厘米的大理石瓷砖。

特殊元素：设计师围绕原有结构打造了新的墙壁，用于帮助分割空间等。其表面采用白色大理石覆盖（一种在酒吧或酒窖中常用的装饰材料）。

家具：吧凳和桌子被设计成与椅子和其他金属元素统一的颜色。直径 3 米，悬浮并向入口倾斜的灯具构成了这一空间的主要特色。

BIGGIE SMALLS
Open
ORDER
PICK UP
2P
TICKET
LOADING ZONE

设计：Techne 建筑室内设计事务所

摄影：Techne 建筑室内设计事务所

地点：澳大利亚 墨尔本

如何将纽约风格融入当地文化中

说唱主题餐厅

设计观点

- 从布鲁克林大街街景中获得灵感
- 参照经典纽约风格饮食空间特色

主要材料

- 水磨石、瓷砖、不锈钢、木材

平面图

1. 柜台
2. 吧凳区
3. 卡座区
4. 卫生间

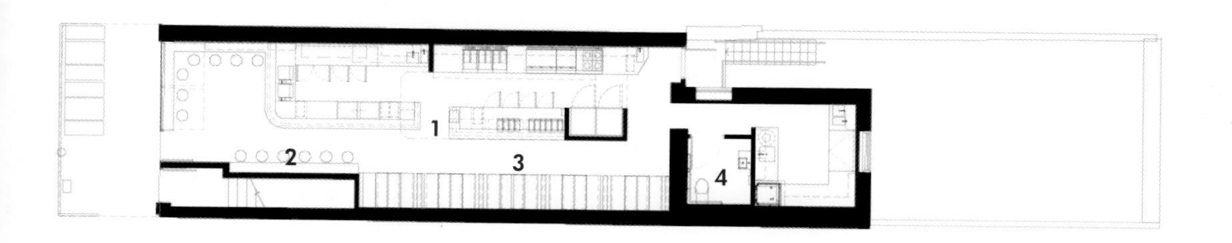

BROOKLYN?
Open
ORDER
PICK UP
86A
KRABS

PICK UP
CRISP

背景

这是墨尔本知名大厨沙恩·迪莉娅(Shane Delia) 开设的第二家餐厅，位于科林伍德史密斯大街。餐厅名字旨在向布鲁克林知名的说唱歌手克里斯托弗·华莱士 (Christopher Wallace，昵称 B.I.G) 致敬，并将迪莉娅的两个个人爱好结合在一起，即烤串和说唱。

设计理念

设计师从布鲁克林大街街景中获得灵感（这里正是华莱士出生和成长的地方），同时突显出餐厅固有的休闲风格。“我们希望能够紧紧抓住纽约 80、90 年代的精髓，并将其融入当地的社会构架中”，主创设计师凯特·阿奇博尔德解释说。

设计师委托当地涂鸦创意公司的涂鸦艺术家吉米·B 来创作艺术品，用于装饰遮阳棚内侧和餐厅外观。另外，巧妙运用了迪莉娅父亲珍藏 35 年之久的两个扬声器，为空间带来了别样的趣味。

尽管餐厅的设计风格和背景音乐都让人感觉如同置身于纽约，但供应的菜品却能看到些许的中东特色。迪莉娅解释说：“世界并不需要另一家传统的烤肉店，恰好这里看不到任何传统的东西。”

设计参照了经典的纽约餐厅，材料包括不锈钢、乙烯基、彩色瓷砖和木材层压板。

颜色方面，黄色座椅、黑白格子装饰的展台让人立刻联想起纽约标志性的出租车车队。头顶上的铬制行李架让人似乎置身于城市的地铁车厢内。

85 平方米的空间内包括五组卡座，每组容纳四人，吧凳朝向吧台成直线排列。餐厅总计可以容纳 35 名顾客。阿奇博尔德说："我们的目标就是在当地打造一家专为居民提供餐饮服务的纽约餐厅。"

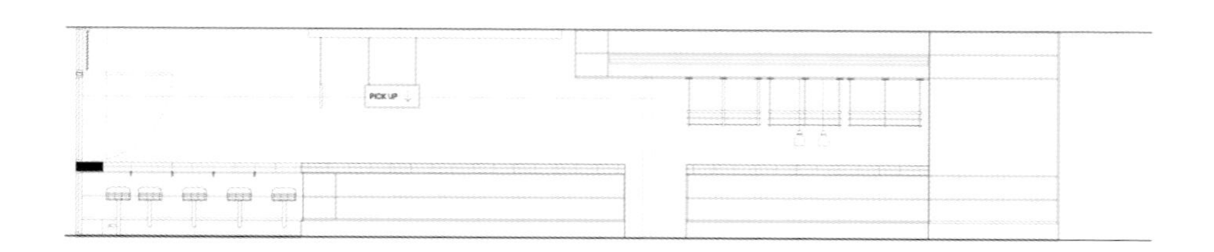

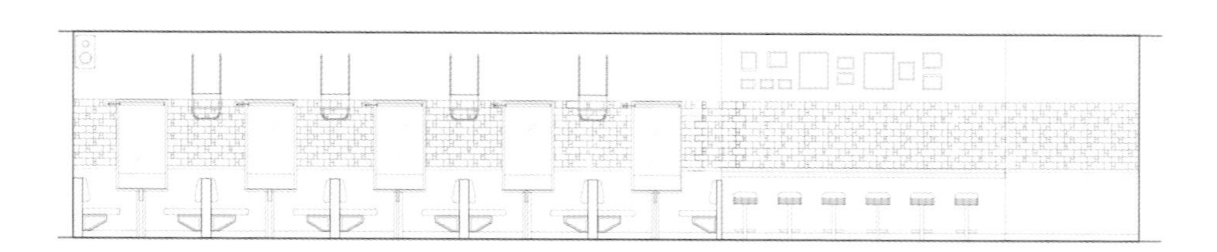

立面图

CHERRY, BOURBON, WHITE CHOCOLATE
BOOZE FREE BROOKLYN
8
★ EXTRA JUICY FRUIT BOXES
4
APPLE OR ORANGE
★ WATER
4
SANTA VITTORIA STILL
SANTA VITTORIA SPARKLING
PEANUT BUTTER CARAMEL INJECTED PRETZEL
ADD WHITE CHOC ICE CREAM
★ ICE CREAM SANDWICH
- TURKISH D LITE
- LEMON PIE
NATURAL GAS

设计：Yatofu 设计公司

摄影：梅拉・雷诺

地点：芬兰 赫尔辛基

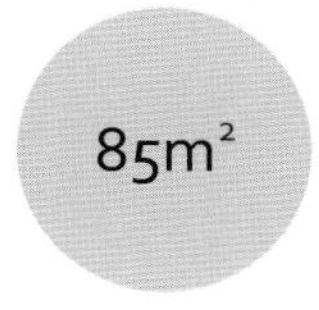

如何通过设计诠释思乡之情

面的故事

设计观点

- 从家乡特色中寻找灵感
- 充分利用场域优势

主要材料

- 木材、皮革、黄铜

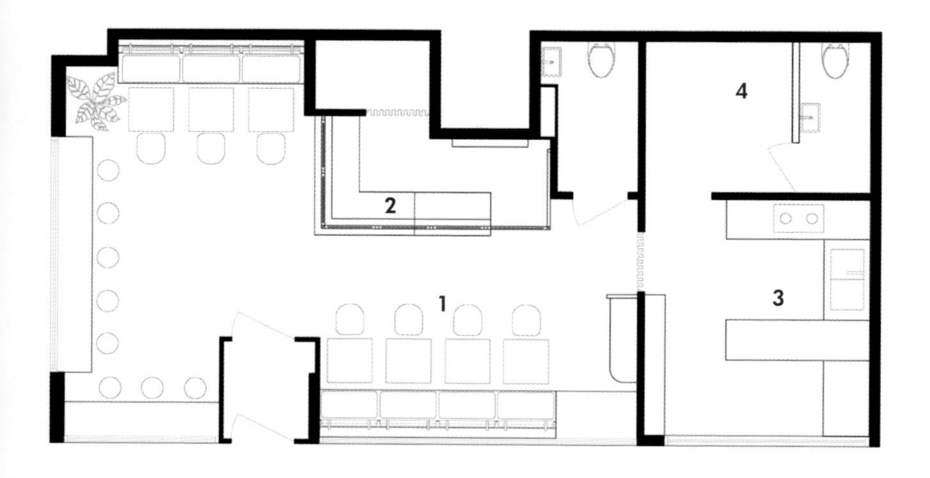

平面图

1. 就餐区
2. 柜台
3. 厨房
4. 卫生间

背景

面的故事开业在赫尔辛基的深冬，店主是一名会计，她一直希望能够开设一家供应亚洲面条的餐馆。

设计理念

尽管时间和资源有限，但他们的目标很明确，即让餐厅看起来像家一样。为支持这一理念，设计师以唤起舒适感和熟悉的乡愁为出发点，打造温馨的室内氛围。

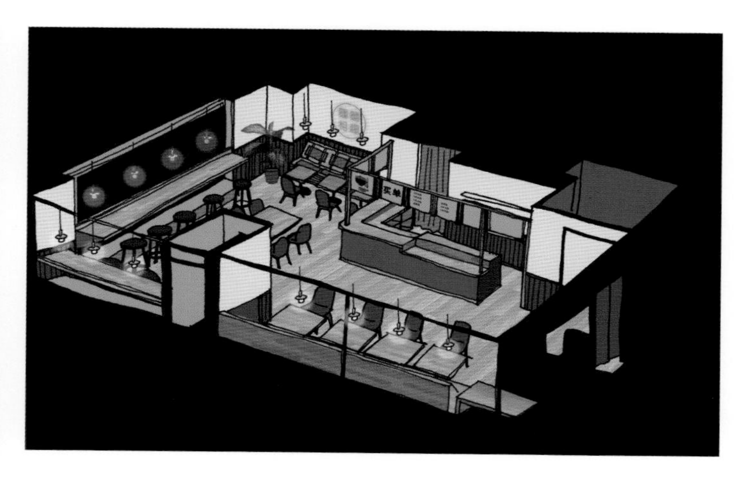

示意图

受老上海的餐馆和香港的“大排档”的启发，设计师从中萃取了传统的摊位标识和购物车等元素，并将它们与北欧的设计感融合在一起，打造了一个温馨而诱人的空间。“我们想重现香港类似地方的感觉，尤其是在夜晚时间。一般情况下，此种类型餐馆或小吃摊会从下午营业到清晨，往往能够吸引大量的不同目的或社会地位的顾客。因为从本质上讲，这就像是一个普通的家庭厨房，为城市中匆忙的人群点亮一盏灯，提供美味的食物”，设计师说。

WC

麵

独特的设计元素，如“麵”字的霓虹标识、深受中国传统漫画影响的窗画等再一次强调了整体设计灵感的源泉。

设计师从特定的环境及其影响中汲取设计灵感——餐馆距林南马基游乐园仅有数步之遥，因此他们构思了一个由有趣的、诱人的颜色和天然材料组成的调色板。为实现这一创意，他们将厨房的食物——新鲜的珊瑚色鲑鱼、深土绿色海藻、象牙色有机大米作为参照，将其颜色和纹理运用到木材、皮革和黄铜上。

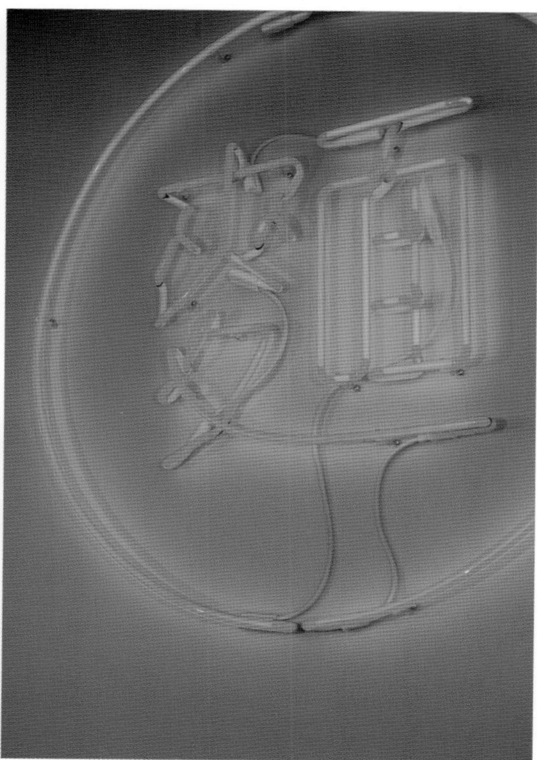

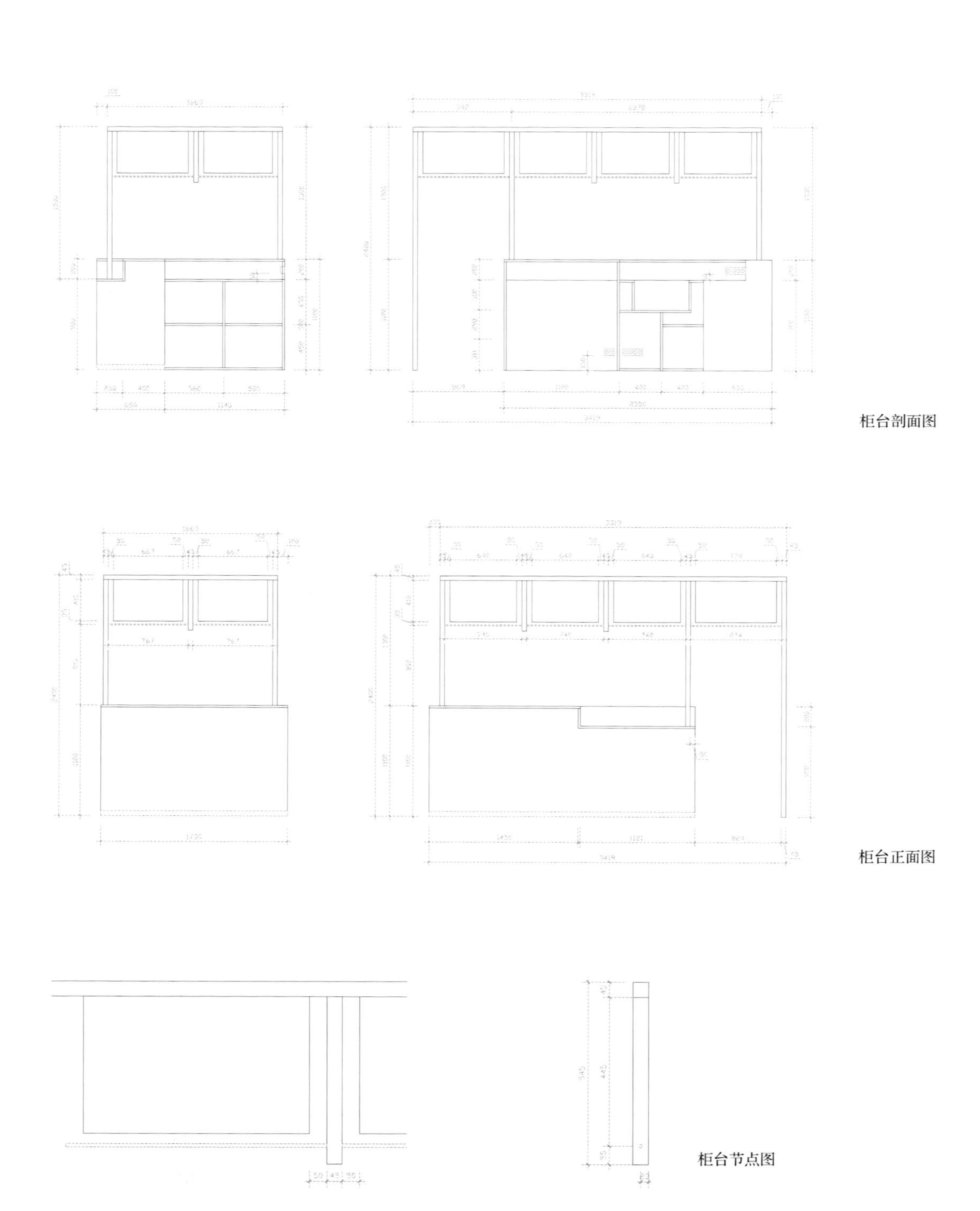

柜台剖面图

柜台正面图

柜台节点图

Wonton Noodle Soup 12,90
Beef Noodle Soup 12,90
Braised Beef Noodle Soup 13,90
Noodles with Egg & Tomato Soup 10,90

设计：Erbalunga 工作室（www.erbalunga-estudio.com）

摄影：伊万・卡塞尔・尼托（www.ivancasalnieto.com）

地点： 西班牙 维戈

如何展示西班牙热情浓烈的色彩艺术

Taquería 墨西哥餐厅

设计观点

- 在空间中注入西班牙特色元素
- 屏蔽外界环境的影响

主要材料

- 松木、喷漆中纤板

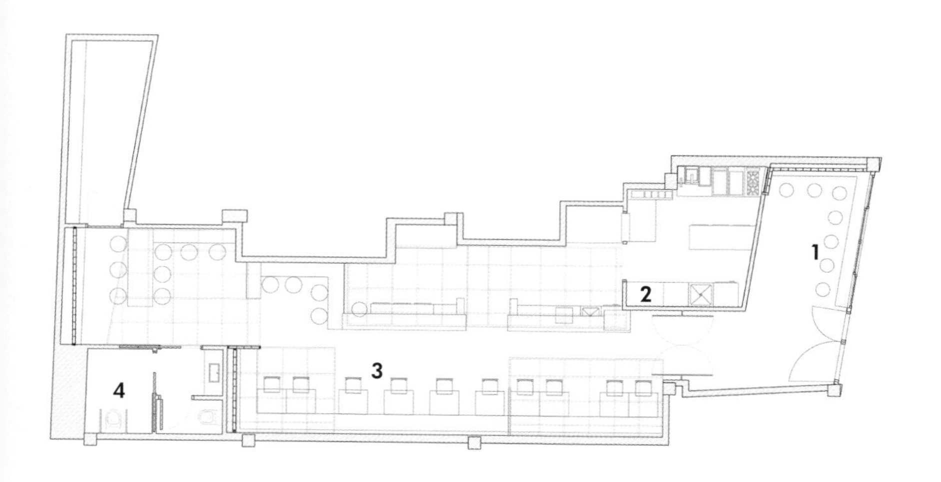

平面图

1. 入口座区
2. 柜台
3. 就餐区
4. 卫生间

RRA MADRE
MONTERREY, MÉXICO
Slow
MEX
TREET FOOD

背景

餐厅位于维戈市中心区，设计目标是展示墨西哥的色彩艺术和美食特色，让顾客享受全球化的美食体验。

设计理念

永恒感和舒适度是空间设计中考虑的重要因素。这里虽然是提供蒙特雷典型的城市快餐食品，但却推崇 “慢食” 概念。

通过模糊的界限，各异的尺度建立不同的空间情境，好似在建筑内部创造了一个城市，一个有自己的品牌标识和自己系统的“城市”，这样会根据客户的喜好增长或减少。

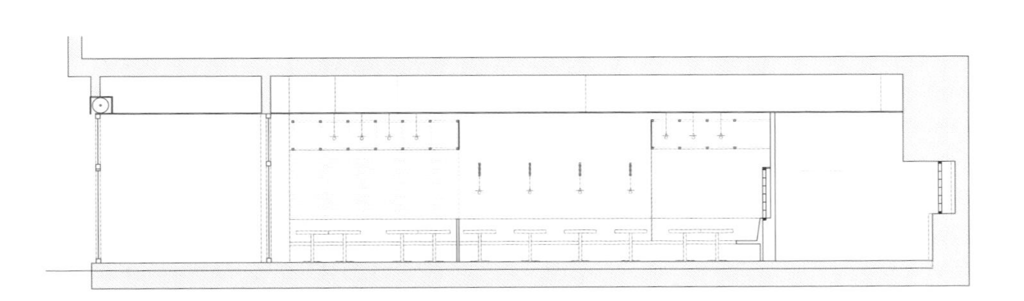

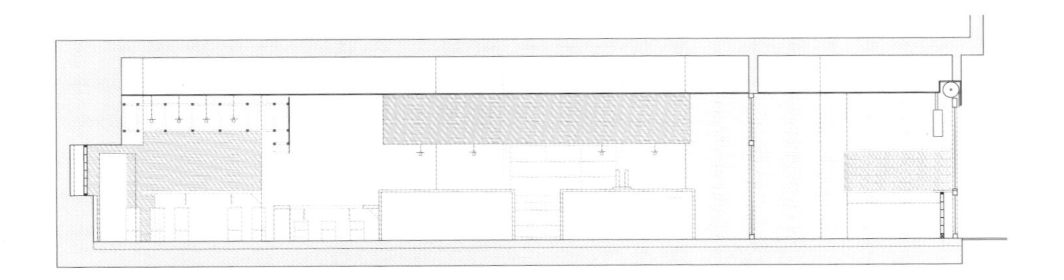

剖面图

Taco
Lovers

Taco
Lovers

色彩在这一空间设计中构成了最基本的要素，其营造出了浓烈的墨西哥风情，与室外的真实世界（西班牙维戈）形成对比，让人情不自禁地感觉置身于蒙特雷。

From Dr. Hwang's Recipes
Caféloge
카페로쥬

设计：CORNERZ + KODE 建筑事务所

摄影：金珉豪

地点：韩国 首尔

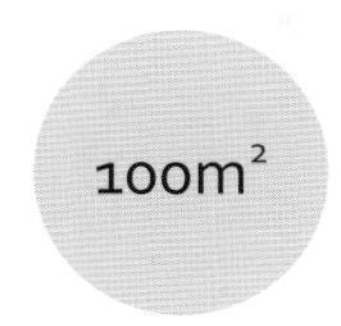

如何通过空间设计来补充餐厅推崇的自然友好理念

Loge 餐厅

设计观点

- 营造室内森林
- 运用天然材料

主要材料

- 天然木材

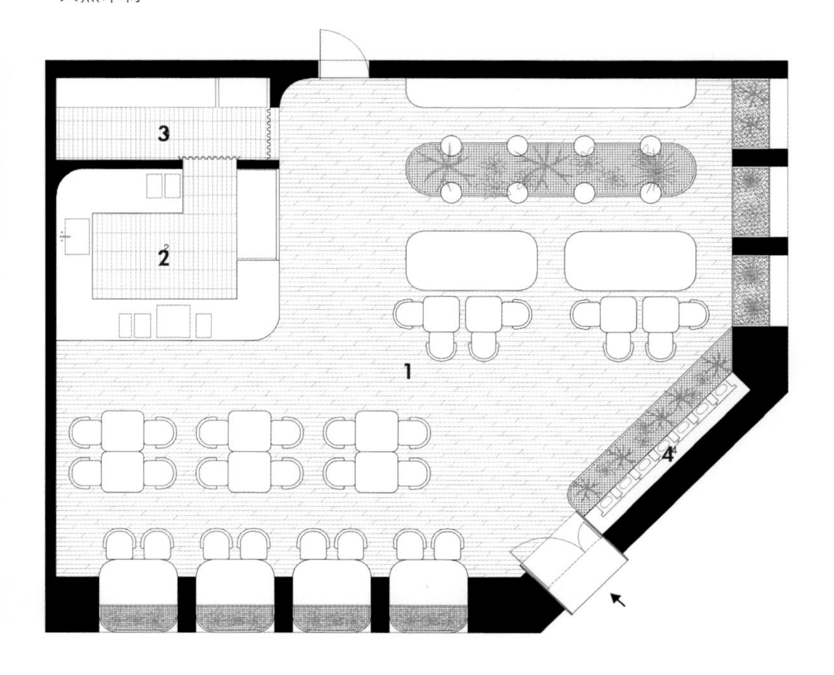

平面图

1. 就餐区
2. 吧台
3. 存储区
4. 陈列墙

背景

EROM 是一家开发健康饮食方案的公司，热衷于以天然原料为基础研究各种产品，并通过实验从不同角度提出建议，让现代人在各种压力下也能变得健康。Loge 是其新推出的餐饮品牌，其核心是销售自主研发的各种食品饮料，以提升企业的自然友好形象。餐厅位于韩国盘古城东商业区一栋办公楼的一层，其上半部分是幕墙结构，下半部分采用深色石材和透明玻璃饰面，设计夸张的标识牌格外惹眼，给整条商业街注入了新的活力。

设计理念

餐厅设计大胆跳脱出商业街的既有形象，在沉闷的都市中心注入一抹亮丽。外观上，白色马赛克与拱形玻璃窗相结合，通透感与厚重感并存。透过玻璃窗向内望去，绿色的室内空间一览无余。

室内空间给人一种置身于小森林中的感觉，到处摆放着形状各异的苗木箱，种植着不同种类的植物。室内墙壁饰面以拱形门窗为中心而展开，下半部采用纯白色粉饰，而上半部饰以深绿色，丰富了整个空间的色调。天花被设计成倒置的拱形，进一步加强森林的感觉。各种设备管道直接裸露在外，别具特色。地面采用环保地板铺设，突出设计宗旨。

Culture
for you

Culture

进入餐厅首先映入眼帘的便是一个长长的苗木箱和一个迷你小花园。餐桌似乎从大大小小的植物和泥土中生长出来，让食客如同置身清新的自然之中。苗木箱和座椅全部以拱形为基础而打造，并饰以自然的绿色。食客在这里就餐就像是坐在室外森林中野餐，这也是这一设计的初衷。

靠窗一侧的座椅略有不同，食客坐在这可以欣赏室外的植物和大街上的景象，但椅背专门设计成拱形，同时可以确保一定的隐私。另外，餐桌和座椅可以自由组合，以满足不同食客的需求。

餐厅入口右侧专门设置了一面展示墙，用于推广 EROM 公司的天然食材。设计师运用 21 个圆形的陈列结构展示不同品种的食材，在白色背景和柔和光线的映衬下更加引人注目。陈列墙下面安装了苗木箱，进一步突出食材的天然属性，同时也与整个空间的“森林”形象相呼应。

岛状柜台的设计也是配合了餐厅的整体环境，有机材质与清新的绿色完美结合在一起。厨房设置在餐厅后侧，白色墙壁上开着拱形的门洞，并使用绿色帘子结构遮蔽起来。这与建筑立面的设计相统一，不仅体现在视觉层面，更体现在心理层面。

设计：石朝思、易毅、唐爽 / 重庆治木装饰设计有限公司

摄影：偏方摄影

地点：中国 重庆

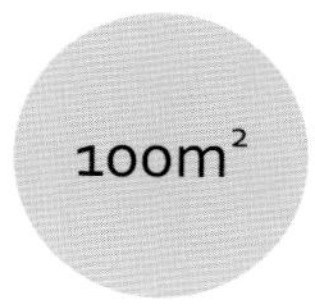

如何在有限空间内满足多种需求

一小间泰食

设计观点

- 设置功能分区
- 营造秩序感

主要材料

- 木材、瓷砖、玻璃、藤条

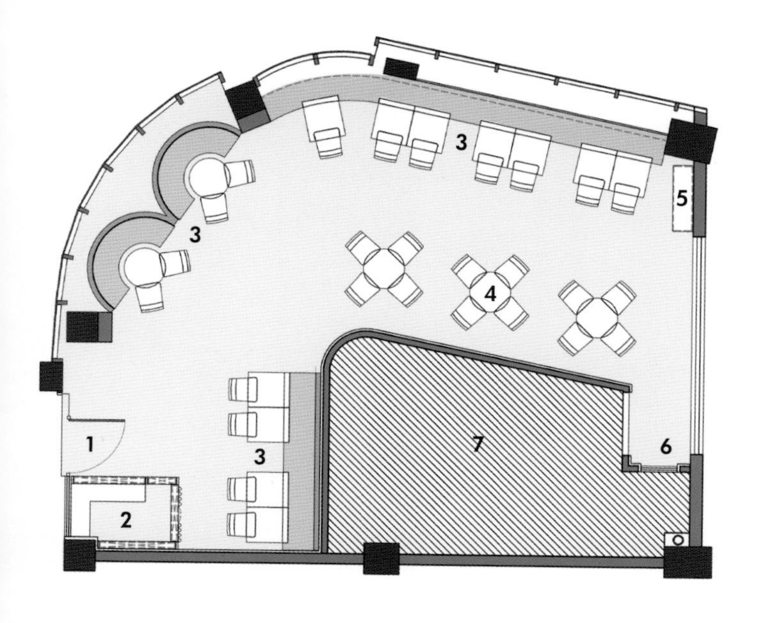

平面图

1. 入口
2. 吧台
3. 卡座区
4. 休息区
5. 服务吧台
6. 传菜口
7. 厨房

背景

一小间泰食是位于中国重庆合川区财富广场三楼的商场餐厅，与传统泰式餐厅的隆重感截然不同。

设计理念

设计团队提取有关泰式记忆元素作为设计切入点，赋予空间年轻、冷静、简洁又不乏温暖的美感，旨在进一步彰显空间与美食的融合。

门头稳重的黑色暗示低调的开始，就如店名“一小间”，偏安一隅，独立不惹尘埃。

框架木结构的吧台独立在正门右侧，对外配合门头设置折叠推窗，减少外卖取餐对室内的干扰。由于场地本身限制，玻璃幕墙外是凌乱的居民楼，在深入研究之后，设计团队决定对视觉观感进行控制，通过绿植和纱帘的运用来营造宁静且舒适的氛围，一方面保留原始玻璃幕墙的通透，一方面减少室外对室内的视觉污染。不同材质的运用恰到好处地起到了造型对比，使整个空间层次更为丰富。

推门而入，没有抢眼的金光灿烂，有的是质朴无华。设计团队在色彩上寻求一种独立平衡的状态，放弃抢眼噱头的高饱和度颜色，取而代之的以自然色贯穿空间并连接各区域。

设计团队利用原始空间的弧形结构构思布局，以“点、线、面”的形式设置功能分区以赋予空间秩序感。外围线状分布的卡座区在视觉上横向延长空间深度，三道并列近窗高耸拱券在立面上拉升了空间高度。

小 面 积 主 题 餐 厅 设 计 技 巧

主题餐厅是通过一个或多个主题为吸引标志的饮食场所，希望人们身临其中的时候，经过观察和联想，进入期望的主题情境，譬如“亲临”世界的另一端、重温某段历史、了解一种陌生的文化。它的最大特点是赋予一般餐厅某种主题，围绕既定的主题来营造餐厅的经营气氛。如今主题餐厅已成为一种流行的餐饮文化。

常见主题类型

• 文化主题

按照消费者对不同文化的兴趣和喜爱可划分为：音乐主题餐厅（古典音乐、流行音乐、民族音乐、爵士乐、摇滚乐）、文学主题餐厅（古典名著）、影视主题餐厅（获奖影片、著名影星或知名影视作品）、摄影主题餐厅、迪士尼主题餐厅等。（图 1）

• 年代主题

不同历史年代能唤起不同消费者的情感共鸣，如以历史上某一事件或某一人物为主题的怀旧复古餐厅、以当下流行特色为主题的现代简约餐厅、以未来科幻为题材的时尚前卫餐厅等。（图 2）

• 民俗地域主题

根据不同地域的文化资源开发设计不同的餐饮主题。如以中国各地文化为契机，如咸鲜醇厚的鲁豫风味、清鲜平和的淮扬风味、鲜辣浓淳的川湘风味、清淡鲜爽的粤闽风味、香辣酸鲜的陕甘风味等，体现原汁原味的地域特色和文化。如以博大精深的世界餐饮文化作为主题卖点，如清淡精致的日本料理、浓烈酸辣的韩国餐饮、高贵奢侈的法国餐饮、包容万千的澳洲餐饮、粗犷随意的美式西部餐饮、原始古老的非洲部落餐饮等。（图 3）

1

• 回归自然主题

在回归自然成为新世纪主导需求之一的当下，一批推崇自然特色主题的餐厅应运而生。最为常见的包括植物主题、动物主题和田园生活主题餐厅。（图 4）

主题性设计体现方式

• 运用空间设计表现主题

这是餐厅设计的基础，一般包括动线空间、使用空间和工作空间。如果将主题的创意与这些空间的形态相结合，那么就会带来较大的视觉冲击力。同时，利用不同空间形式和空间形态比例变化以及大小变化会营造出多样的空间感受。

• 通过室内陈设表现主题

室内陈设一般分为功能性和装饰性两种，在空间设计中占据着非常重要的地位。利用室内陈设对餐厅进行主题营造，不仅能烘托室内氛围，创造独特的意境，还能在一定程度上丰富空间层次，从而达到令人意想不到的效果。（图 5）

• 利用灯光设计表现主题

灯光是餐厅空间内营造主题氛围的重要手段，建议最大限度地运用光的变化、光的色彩、光的层次以及光的造型来烘托氛围，以完美地诠释空间的主题。（图 6）

• 采用色彩关系表现主题

色彩在情感表达方面能够带来非常鲜明而直观的视觉印象。色彩能够引起人们的联想与回忆，从而达到唤起人们情感的目的。（图7）

• 选择材料与肌理表现主题

材料在空间设计中起着十分重要的作用，其自身的美感和所产生的视觉感受是从多方面体现出来，其中材料肌理美感可称为重要因素。每种材料都有着与其固有的视觉、感觉特征相吻合的“表情”，不同肌理同样有着不同的“表情”。（图8）

6

7

8

CASUAL FAST-FOOD RESTAU-RANTS

休闲餐厅

苏粤捞饭
SUYUELAOFAN
YH

设计：平介设计（苏州平介建筑科技有限公司）、上海衡泰建筑设计咨询有限公司

主创设计师：杨楠、王乙童、吴怡、郑轶鸿、黄迪

摄影：姚杰奇

地点：中国 苏州

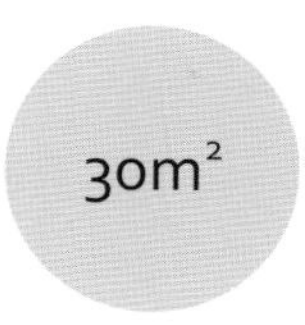

如何克服现有场地条件打造“网红”餐厅

夹缝中的捞饭餐厅

设计观点

- 打造特色外观，带来强烈视觉冲击
- 巧妙运用狭长空间，在视觉上夸大空间面积

主要材料

- 镜面亚克力、防腐木、环氧树脂

平面图

1. 收银台
2. 就餐区
3. 厨房 1
4. 厨房 2

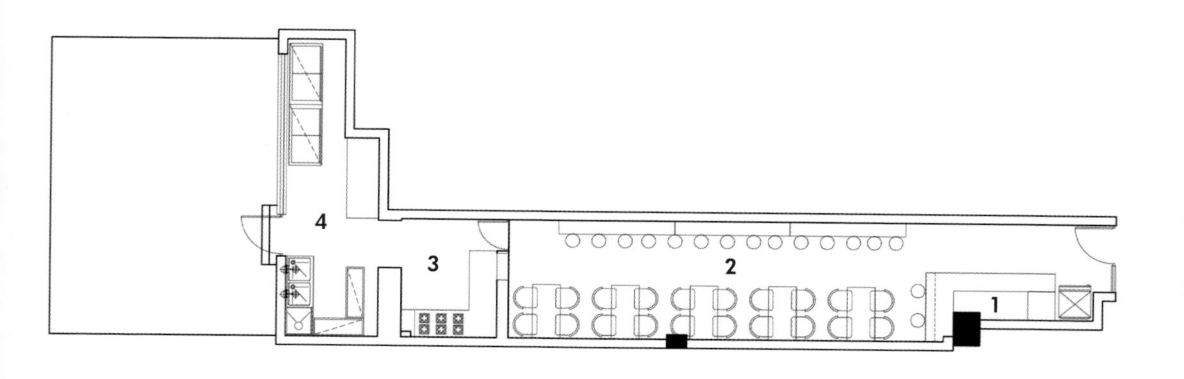

背景

项目位于江苏省苏州市工业园区九华路，处于周边多个住宅区的生活中心。原店是三杯鸡米饭 / 东北烧烤，是小区临街的一间商铺，空间单一且狭小。店面的立面非常狭长，内部空间相应也是极其狭长的“过道式”空间，长约 13 米，宽 2.3 米，面积大约 30 平方米。新的餐厅是一家新兴的鲍汁捞饭店，业主希望通过室内外的改造，形成独特的空间体验，而吸引周边住宅的人流量以及外卖流量，让店面成为大家都想来吃饭打卡的“网红”快餐场所，并由此对后续外卖业务起到拓展作用。

设计理念

如何利用狭窄的过道式空间打造“设计爆款”的就餐空间成了本次设计的核心问题，同时极低的造价预算同样也是需要克服的设计障碍。另外，结合环境现状，有三个设计要点可以明确：第一，需要合理利用好这个空间窄长的形式特征，依次排布桌椅，体现出空间特质；第二，通过设计材质贴面等尽可能使店内看起来宽敞不压抑；第三，注重外立面的设计，造成一定的视觉冲击，吸引来往行人入内就餐。而狭小的空间必须考虑到人群流量的控制，因此需要通过空间创造出“快速”的心理映射。

身处住宅区，决定了它很难具备商业区那样网红餐饮店的特质；而特殊的狭长空间，用“网红小吃店”来描述其定位十分恰当。设计师也希望这个空间能够作为一种特殊店铺、快餐文化叠加的新范式，设计在这个空间的作用并不是迎合商业，而是针对空间的重新表达和思考以及重释。

与室内空间相对应，外立面延续相似的语汇，利用廉价的金属网为店招基底，外挂灯条和木条。由于店面的特殊性质，上下两个店招在原先的使用中是完全分开的，中间的二层空间也是别的店家经营使用，因此立面设计时就通过外挂灯条和木条将两部分进行了串联并克服了不能遮挡的问题。

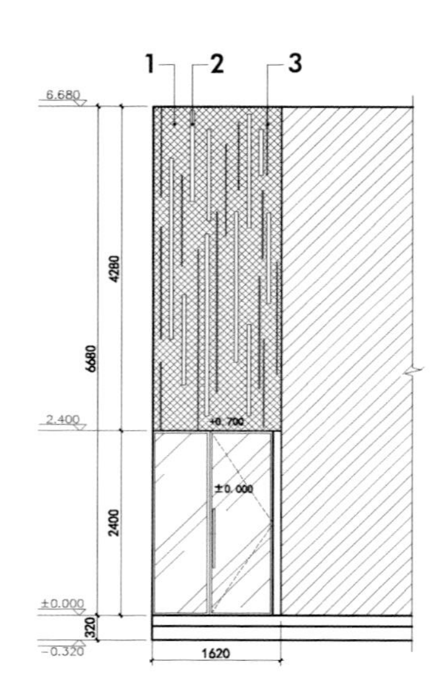

外立面施工图

1. 金属网
2. 木材
3. LED 灯带

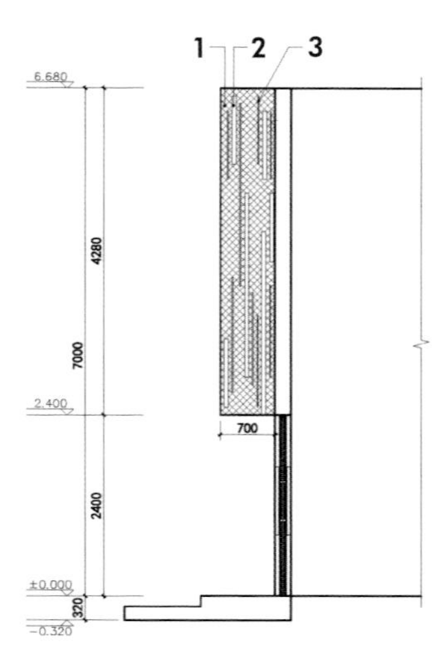

外立面施工图

1. 金属网
2. 木材
3. LED 灯带

设计师在设计之前对菜品的品尝以及与大厨的聊天中，逐渐形成了味觉时光隧道的设计概念：在围合的墙面和顶面上均安装水平的线条——为增加墙面的多样丰富性和飞逝的效果。采用了木条和 LED 灯带两种材料的三种组合，在强调速度，促进一波又一波用餐者的更迭的同时，又强调出“隧道”极佳的延伸与进深感，以及光线为空间带来的流动感和活力。

为满足较为良好的用餐体验，并且增加空间的横向宽度，使之不至于太过深邃压抑。在经费有限的条件下，设计师摒弃使用镜面材质而尝试用在墙面上涂刷价格较为低廉的环氧树脂漆创造反射与发光感的空间界面，漫反射带来类似磨砂的质感又不至于使光线反射过于强烈而引起不适。同时在柜台、厨房与就餐空间的分隔面等非墙面界面则使用镜面亚克力使空间形成一个镜面反射的整体，同时增强空间的纵深感。空间界面之间的界限模糊，很好地增加了空间的开阔性。

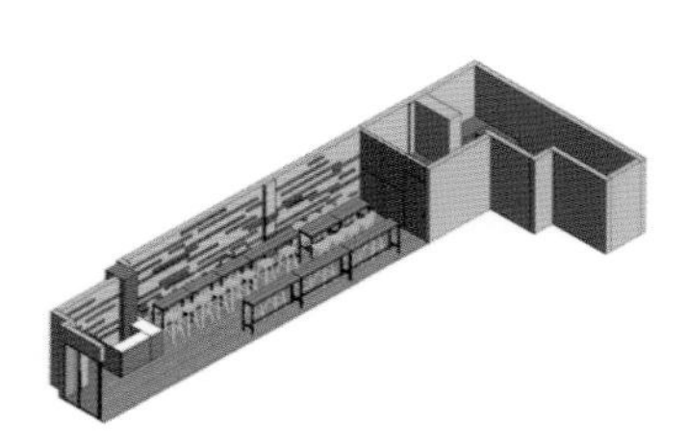

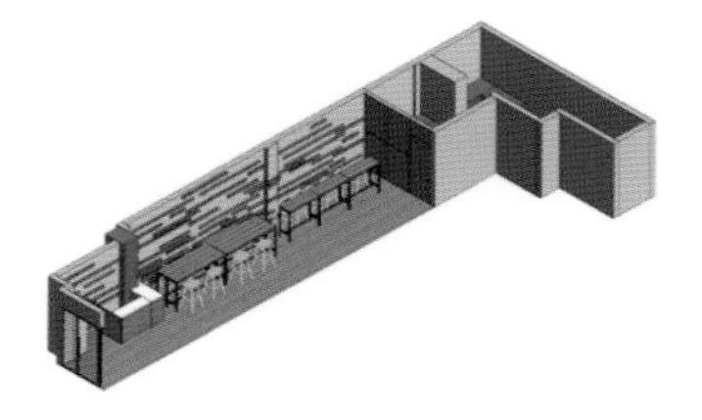

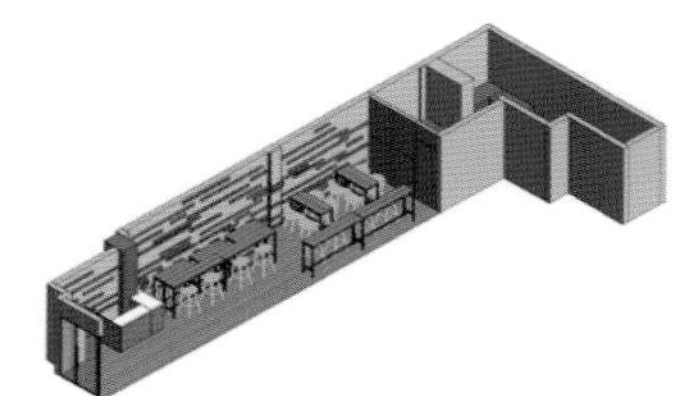

桌椅排布的几种可能性

于是，一个完整的漫反射通道空间应运而生。整体设计空间分成两个部分：入口柜台空间、就餐区空间。首先是柜台空间，柜台仅以一台点单机作为店员与顾客交涉的界面，其下“隐藏”店员工作区，形成具有层次感的柜台空间，十分简约。并在操作手法上，使用悬浮的概念：木条与灯带在镜面亚克力上的反射，使柜台与整个空间融为一体，柜台仿佛“飘浮”在空中。同时柜台局部的可移动设计满足店员进出的需求，以及在柜台旁留有的局部等候空间给外卖员进行休憩。

就餐空间按照不同的人员模式分成聚餐与单人两种桌椅排布形式，木条以渐变的规律镶嵌在左右墙面、地面、顶面上，提升空间的狭长与进深感，同时渐变的规律参照空间照明需求自上而下灯带减少。灯条强化空间的进深感，并且增加了时尚感与趣味性。木质地板与灯带的搭配，延续了空间界面的连续性，且增加空间的亲切感和温度。

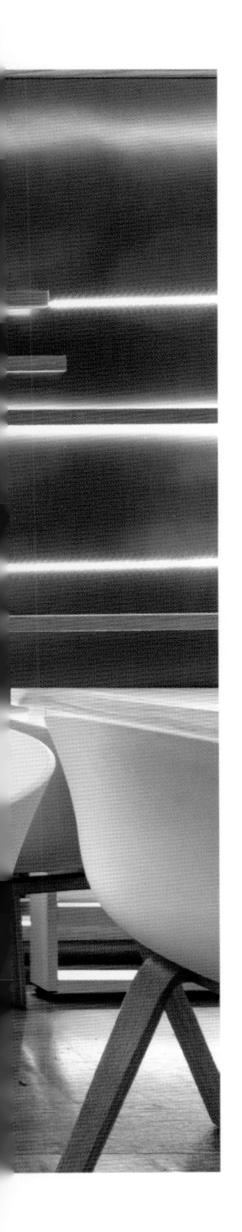

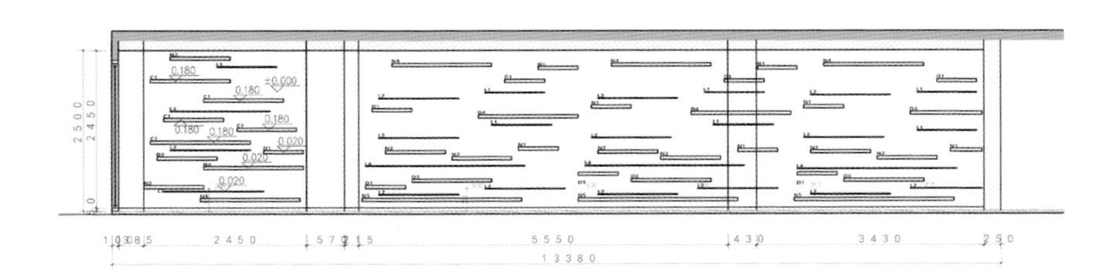

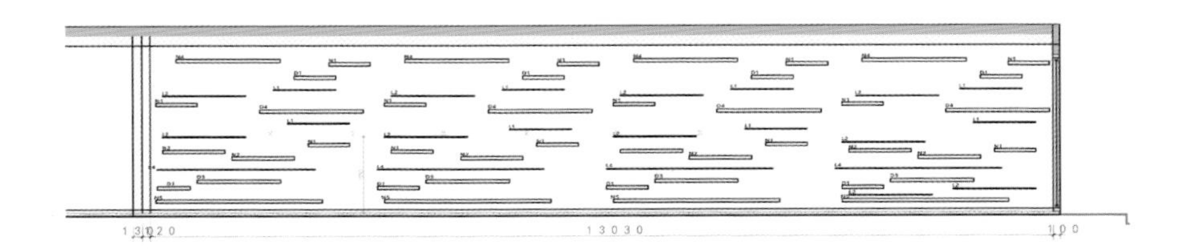

墙面设计

整个空间使用几种材质“拼贴”而成，摒弃了传统室内天花板、墙面、地面的逻辑而进行整体打造。室内空间主要采用四种材料：环氧树脂漆、木条、灯带、镜面亚克力。镜面亚克力安装在狭长空间的尽头，起到反射与延伸空间长度的作用。环氧树脂漆具有漫反射的作用，作为左右墙以及顶面的主要基底材质，给界面以光泽的质感，且使空间视觉上不再封闭。木条和灯条进行三种不同的墙面操作：纯木条、纯灯条、木条内嵌灯带（一种悬浮于空中的效果）。整个空间尽端不仅以吸引眼球的延伸界面进行终止，同时以菜品的出餐口（味觉与嗅觉）开始重新引导整个空间的餐饮基调。

设计：南筑空间设计事务所

主创设计师：姚伟国、王海、苏阳（室内设计）、陈莹（艺术陈设）

摄影：陈铭

地点：中国 无锡

如何打造温馨的食客体验空间

802 班

设计观点

- 以空间表情与传统店面作为形象切割
- 透过狭长空间的纵深感来捕捉外部行人的目光，引发兴趣
- 以 80 后元素作为空间设计氛围点题的关键词

主要材料

- 木饰面、瓷砖、铁板喷塑

平面图

1. 就餐区
2. 柜台
3. 操作间
4. 厨房

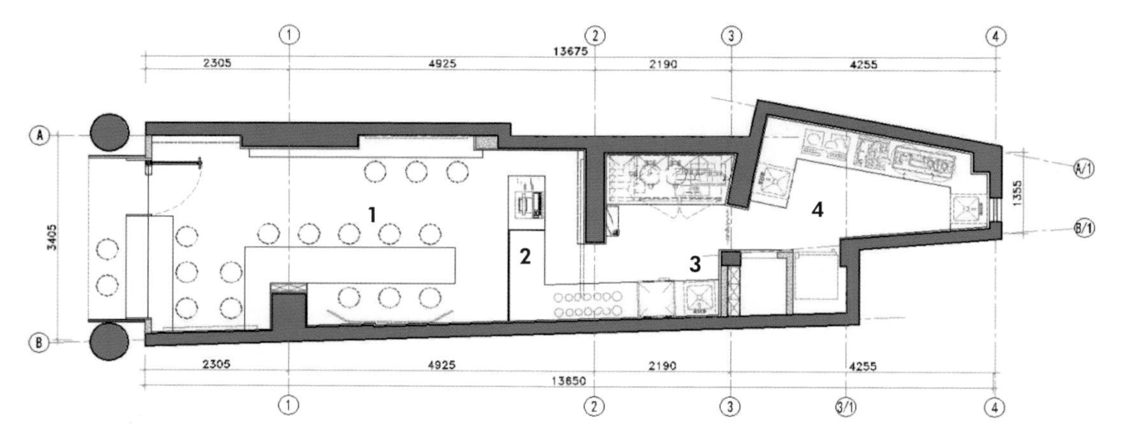

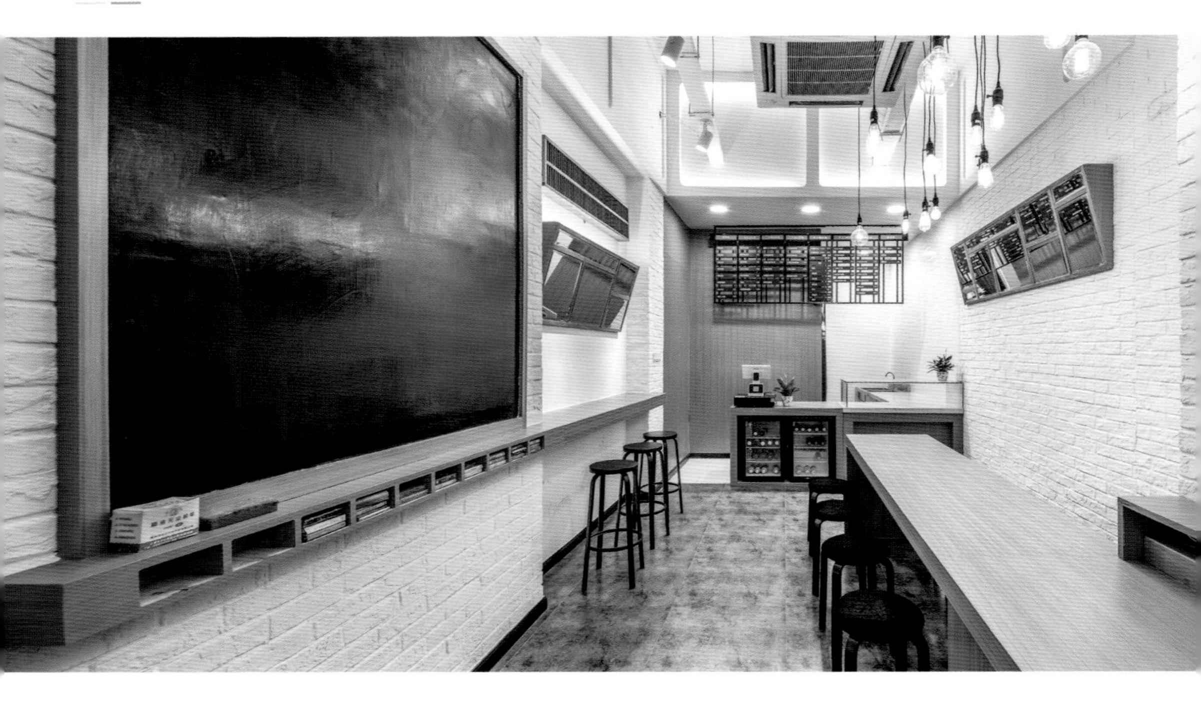

背景

项目位于叙康里社区，这种偏离城市主干道的社区型商业地段恰恰是自然商业最为旺盛的区域，生活化并充满活力。门店具体位置是在大楼的临街底层商业，周围环境单一，以服务型零售为主。

设计理念

在这个空间中，如何带给顾客温情的就餐体验成为设计的线索，而在混杂的商业环境中如何跳脱大众的想象，以耳目一新的方式出现在这样一个传统商业地段也成为设计的挑战。802 班是一位 80 后业主新成立的品牌，第一家实体店后，除了十分重视整体形象外，业主亦将此处视为能够体现出自己情怀的一个空间。

对于外部而言华灯初上阑珊未尽，行人透过大面的玻璃门窗看到室内的一切动态都宛如橱窗展演，空间与人的对话徐徐展开，生活的氛围就此蔓延。黑色钢板的包裹让室内的灯光更具有柔软的穿透力。

从内部观看，空间采用真实的物料质感，重新定义空间，消除距离感。全案除了保留原来的裸顶，也尽可能地出现一些木作的纹理质地，不做多余的装饰，朴素里见真挚。

从磁带盒到黑板报都是店主展示收藏的载体，店内菜单时换时新，设计将菜单做成构架菜名可随时更换，空间留的大过道空间看似会损失平效，实则为满足外卖小哥和午间与晚间高峰时段的排队人群提供了必要的等候空间。

LE CRÊPE DA PÍA
SWEET & SALAD
CONCELLO DE TUI

设计：Erbalunga 设计工作室 (www.erbalunga-estudio.com)
摄影：伊万・卡萨奥・涅托（www.ivancasalnieto.com）
地点：西班牙 加利西亚

如何诠释“外带”理念

Le Crêpe da Pía 餐厅

设计观点

- 设计橱窗
- 选用简约的色调和材质

主要材料

- 松木板（不同饰面）、喷漆铁

平面图

1. 操作台
2. 就餐区
3. 卫生间

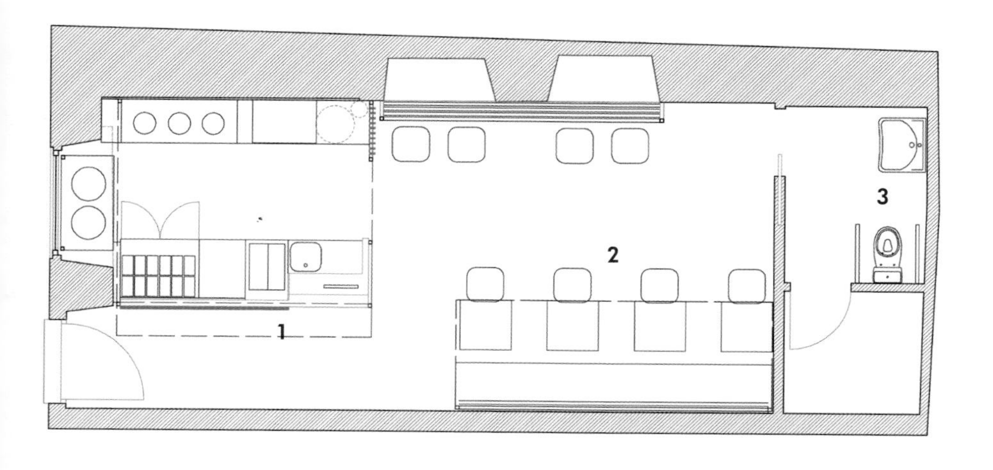

背景

店主要求打造一间可以提供外带服务的法式餐厅，方便在这一中世纪风格的老城区中往来的顾客，从而缓解因餐厅面积有限而不能满足所有顾客进来享受美食的压力。

设计理念

为突出“外带”这一理念，设计师专门打造了橱窗。这样一来，便可以在餐厅和行人之间建立起直接的视觉联系，在大街上就可以看到餐厅内大厨正在烹饪的薄饼。

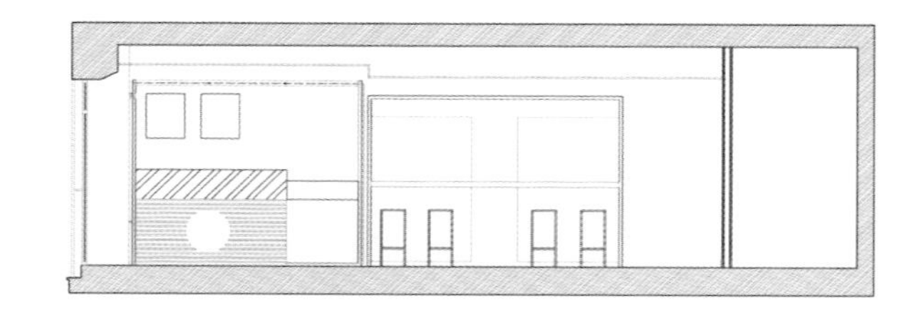

立面图

设计师通过将有限的空间进行分割从而获得更多的“小空间”，其中吧台打造成“遮蔽的杂货亭”，就餐区内引入街头家具，旨在营造出休闲的就餐氛围。

另外，设计师专门选择简约的色彩和材质，以避免空间看起来过于繁复，这也是小空间规划过程中最值得借鉴的方面。

最终，设计师打造了一个备受欢迎的城市快餐厅，内部出售的商品即便是外面的行人也可以一目了然。

LE CRÊPE DA PIA
SWEET & SALAD

LE CRÊPE DA PÉA
SWEET & SALAD

MY
OF
SIMON
2017

设计：VURAL 工作室

摄影：凯特·格里克伯格

地点：美国 布鲁克林

如何在不借助怀旧装饰的情况下
凸显新奥尔良特色

LOWERLINE 餐馆

设计观点

- 独特的卡津菜风格
- 空间虽小，但感觉开阔

主要材料

- 砖、红木、古巴瓷砖、白色瓷砖、黄铜、古典风镀锡天花

平面图

1. 就餐区
2. 牡蛎吧
3. 厨房
4. 卫生间

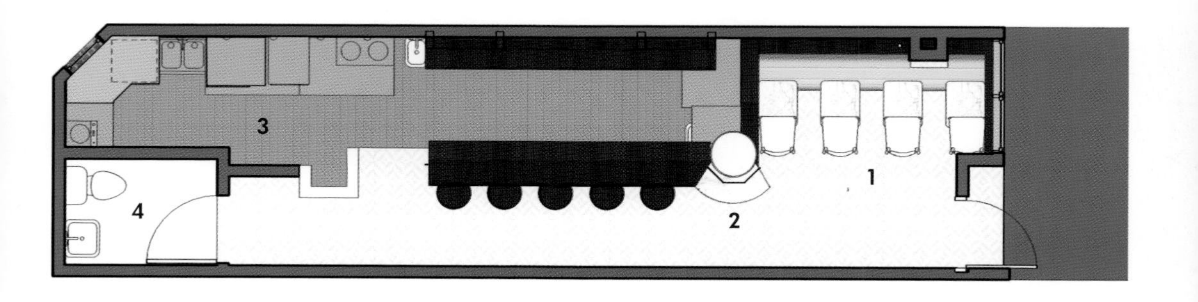

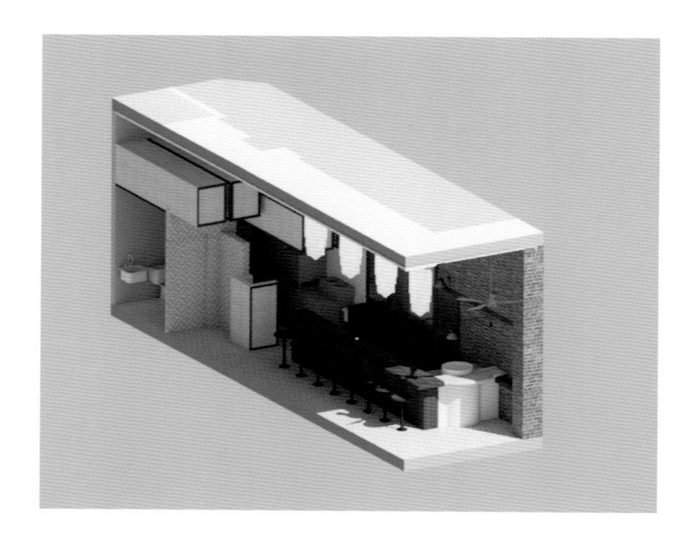

模型图

背景

主厨约翰・弗兰德来自纯正的新奥尔良家庭，从小热爱烹饪。在其早期的金融家生涯中，他为朋友们创办了一系列备受欢迎的晚餐俱乐部。这一次，他希望分享他的根，以布鲁克林的方式。

设计理念

这一设计面临两大挑战：其一客户要求不能使用珠子元素装饰；其二餐厅就餐区长约 12.2 米，宽约 3.1 米，比标准的地铁车厢还狭窄。

尽管如此，设计师在现代与怀旧、细节与创意之间寻求平衡，营造了一个视觉上较宽敞的空间，并彰显了新奥尔良风格。

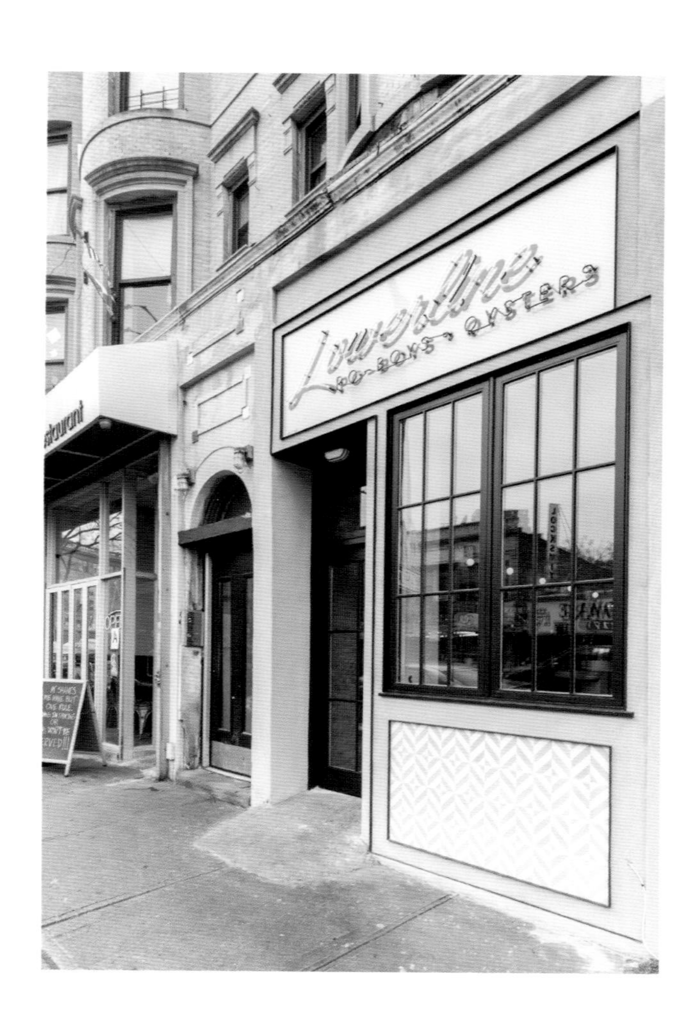

MY DREAMS
OF
RED

正如招牌菜所示，整体设计灵感来自新奥尔良作为工人阶级的“穷小子”们喜欢光顾的三明治店。历史悠久的店铺简单而精致，有纪念品、红木、水泥砖和长长的中央柜台。设计师正是从这些历史特征中找到灵感，并赋予其现代风格特色，既可以感受到旧时风格，但又不会明显怀旧。

EXIT

就餐区内采用黄铜配件、油漆木材和古巴砖打造，突出了奥尔良风格所特有的永恒感。这里所有的装饰都是专门定制的，格外注重细节，以最大限度地利用空间。灯具、桌子、长椅的设计都以提供全尺寸体验为理念，但不能过度占用空间。窗户未经任何装饰，旨在更多地引入自然光线，提升空间舒适感。

设计师参照老商店内的中央柜台，使空间得以最大化地利用，桃心木材质也是对其完美的诠释。椭圆形的大理石牡蛎吧台嵌入木吧台之中，带来一丝现代化的气息。为节省空间，其在宽度上比预先标准长出了 1/4 英寸（约 0.64 厘米）。这其实是个不小的壮举，因为在这个空间里，每一英寸都显得格外重要。

开放式厨房体现了空间的独创性并模糊了新旧之间的界限。该空间利用了半层高的天花板——天花板上覆盖着锡板，恰好有一种新奥尔良的风格特色。倒置的地下室储物柜——四个定制的储物柜安装在天花板上，用于存放散装干货，面板同样采用锡板打造。为满足烹饪需求，设计师专门打造了一个设备，以创造足够的表面空间。

这一设计实现了主厨的所有要求：现代简洁的线条、特色图案古巴瓷砖地面、大气的桃心木柜台、柜台尽头超大的镜子、定制的灯具、独特的锡板天花，所有这些元素共同营造了一个创意十足的卡津菜餐厅。

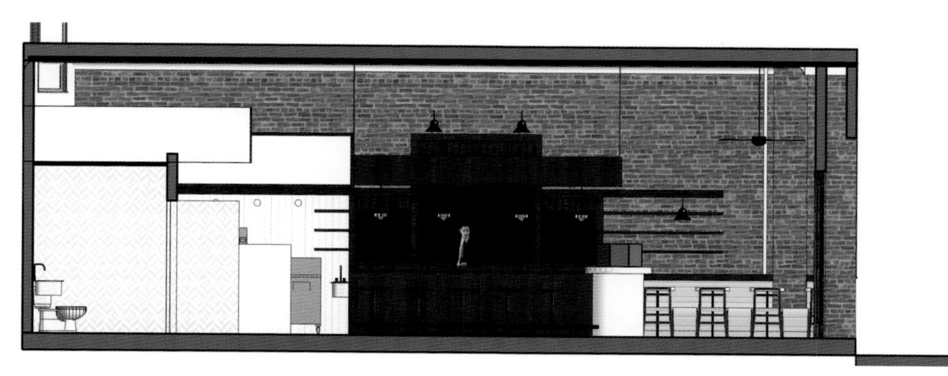

室内立面图

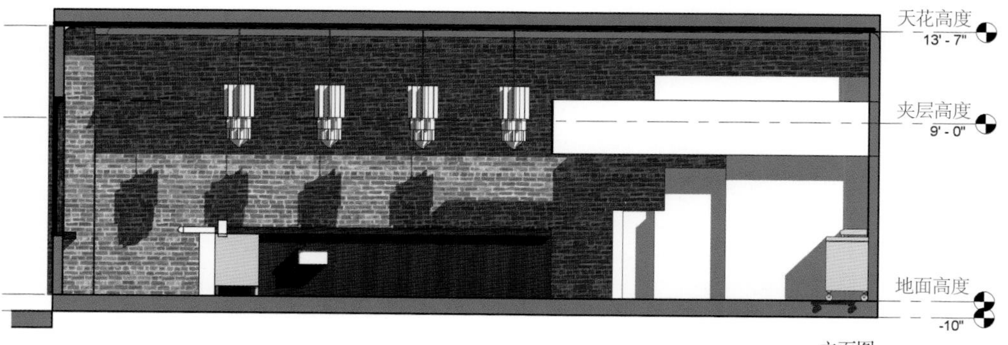

立面图

设计：Plot 建筑工作室

摄影：Plot 建筑工作室

地点：中国 香港

49m²

如何打造一个低调的就餐环境

快食慢煮餐厅

设计观点

- 确保餐厅的基本功能
- 选择简单的材质

主要材料

- 木材、瓷砖、水泥

平面图

1. 点餐台
2. 就餐区
3. 等候区
4. 服务台
5. 厨房

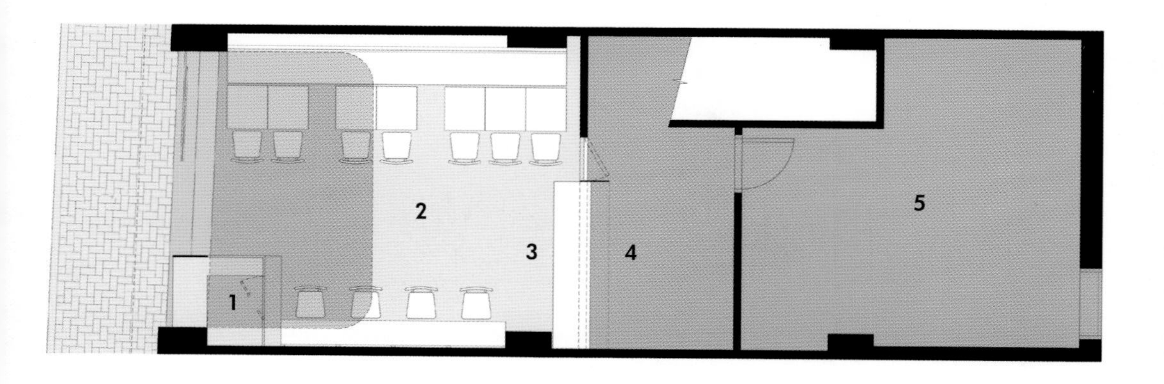

背景

与周围餐厅完全不同，这一店面简约到只留下狭小的入口，透明的玻璃材质将行人的目光完全引入到室内。

设计理念

客户要求打造一个中性的就餐环境，让食客可以专注于提供的“慢煮快餐”。为此，设计师只定义了室内的基本空间形式，旨在提供一种不受打扰的用餐体验。

概念图

A. T 形分隔结构
B. U 形覆层结构
C. 栅栏

T 形结构将店面入口和柜台分隔，而在入口处上方木板覆盖了两层高的空间，形成一个“U”形，清晰地表达和丰富内部空间形式。后侧墙壁使用瓷砖饰面，营造了独特的背景，并将厨房与就餐区完美分离开来。

设计：古鲁奇公司

主创设计师：利旭恒、赵爽、高颂洋

摄影：鲁鲁西

地点：中国 北京

如 何 巧 妙 运 用 小 场 地 的“ 劣 势 ”

西少爷肉夹馍

设计观点

- 打破固有的餐厅模式
- 从公园座椅模式汲取灵感

主要材料

- 橡木

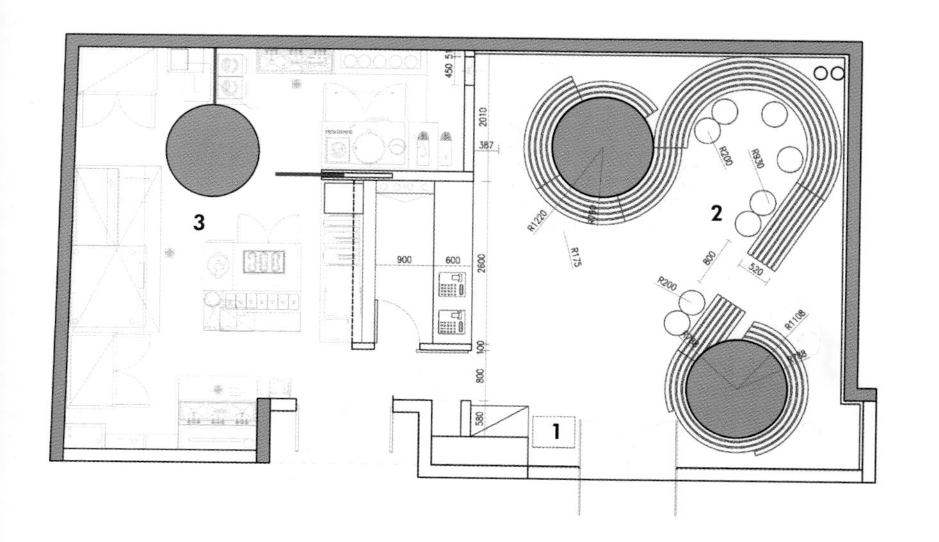

平面图

1. 自助点餐台
2. 就餐区
3. 操作间

西少
爷
肉夹馍

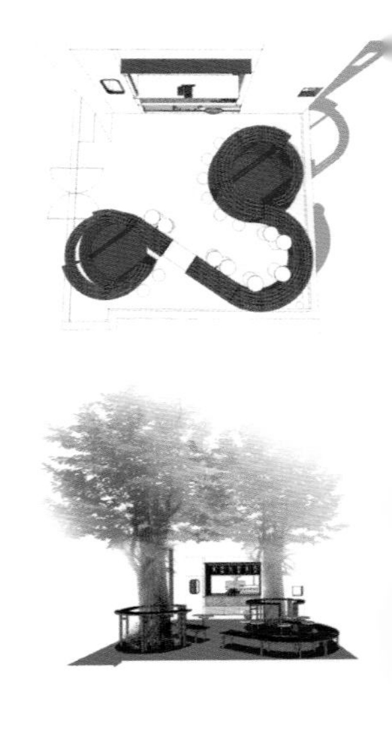

背景

北京西少爷是一家相当受欢迎的肉夹馍品牌，本项目场地的条件前所未有，37 平方米的用餐区域中矗立了两支占地 4 平方米的大圆柱，使得空间更显紧张与狭小。

设计理念

设计构思来源于公园中的公共座椅，柱子象征参天大树，长长的公共座椅依树缠绕，成为用餐的桌子，人们围绕着“大树”乘凉就餐，而脱离柱子的部分又降低长椅高度使其重新成为椅子。这样一来，蜿蜒环绕的长椅一气呵成，成为空间内的主要造型。仅仅用了一组橡木的桌椅完成了整个餐厅的设计，大红色的脚手架以及纯白色的墙面和地面，给人一种简单利落的感觉。

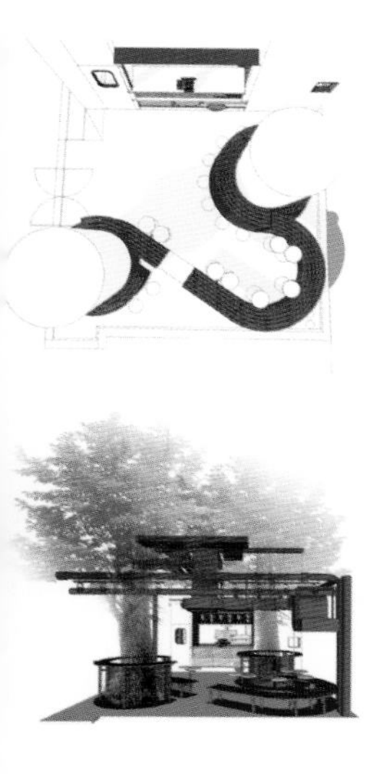

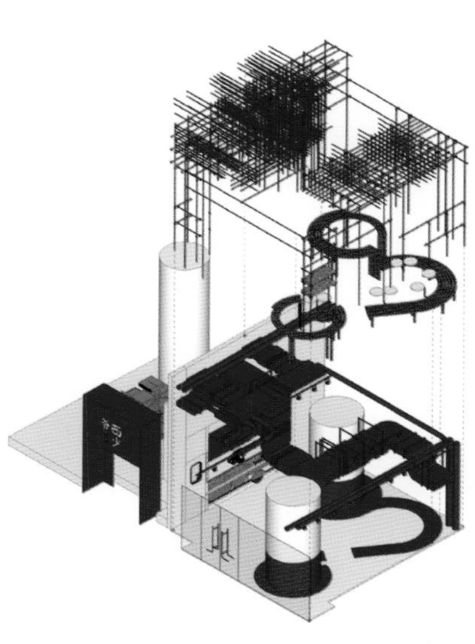

示意图

空间内原本的天花高低落差很大，管道最低处只有 2 米，于是设计师采用了脚手架的形式，使得空旷的顶部空间丰富起来，同时也与原本的管道相结合，使其成为一体，表现出施工现场的层次感。不仅在天花造型上，立面上也使脚手架代替了墙体的存在，增加了空间的通透性。

一边是公园的休闲与放松感，一边是施工工地的繁忙与紧迫感。两种节奏一快一慢，一动一静，正好烘托出点餐区与用餐区的不同氛围。

脚手架的应用也显示了肉夹馍本身作为街边小吃的形象与地位，大众与低价。但讽刺的是，西少爷如今已经将肉夹馍卖到了北京第二高楼里。

NO WHINING
NO COMPLAINING
NO FROWNING
SEASONAL SALAD
TEASER
HEY NON-
BARISTA
THIS ONE'S
FOR YOU
(TOO)

设计：Not Before Ten 设计事务所

摄影：伦纳特・德普利特莱

地点：比利时 安特卫普

67m²

如何充分利用每一寸空间

Moss 餐馆

设计观点

- 保留基本、简单的样式
- 创意选择色彩和材质

主要材料

- 白色裂纹瓷砖、木材、涂漆钢

平面图

1. 就餐区
2. 柜台
3. 卫生间

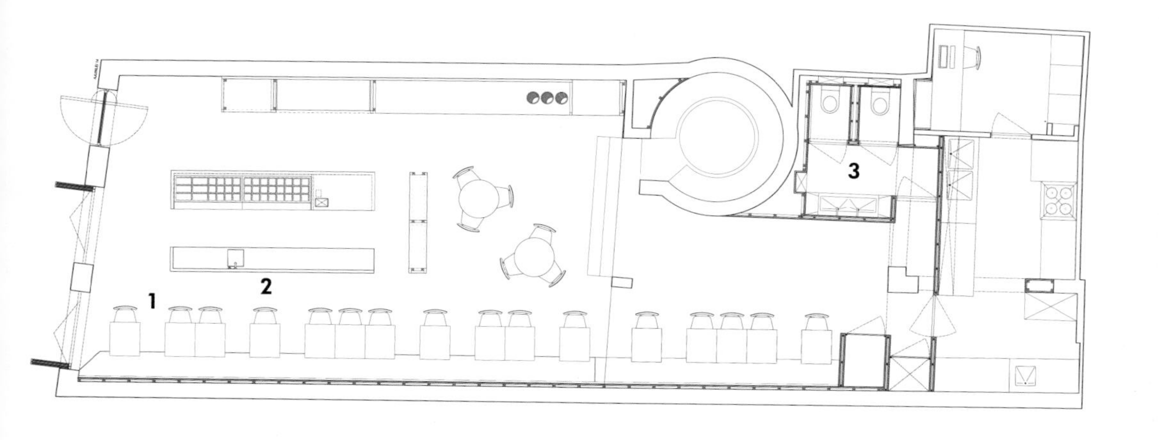

背景

这里原来是一家服饰店，要求将其改造成一个供应早餐及午餐的小餐馆。空间虽小，但需实现就餐区、外带区和咖啡售卖区。其中咖啡区设置在入口右前方处，进门即可见。

设计理念

设计师尽量满足所有空间的功能性要求，在此基础上，还需满足“店主希望容纳更多顾客”的要求。

空间色彩层次感十足，从入口处的白色过渡到淡粉色，最后变为深绿色。巧妙的设计也让空间内一天中呈现出不同的景象，从晨曦到落日，各具特色。橡木长椅和桌子进一步增加了空间的进深，并在就餐区与后侧的商店区划分了一条明显的界线。

our espresso
is handmade on a
la marzocco
GOOD VIBES ONLY
WINTER SPECIAL
TO FLAVOUR HOT DRINKS
WITH

咖啡区以及后侧区域内放置了喷漆钢栅格结构，供食客（顾客）放置意见卡等。另外，材质的选择以自然、轻便和质感为理念，包括天然木材、瓷砖和钢材。设计师完全摒弃了过度加工的制品，借以显示这里健康的就餐理念。

JAPAN
料理の初

设计：深圳市华空间设计顾问有限公司

摄影：陈兵摄影工作室

地点：中国 深圳

74m²

如何用全新的方式诠释顾客与餐厅的关系

元吉の鳗鱼饭

设计观点

- 营造生活化的就餐环境
- 打造真实用餐体验

主要材料

- 混凝土、白橡木

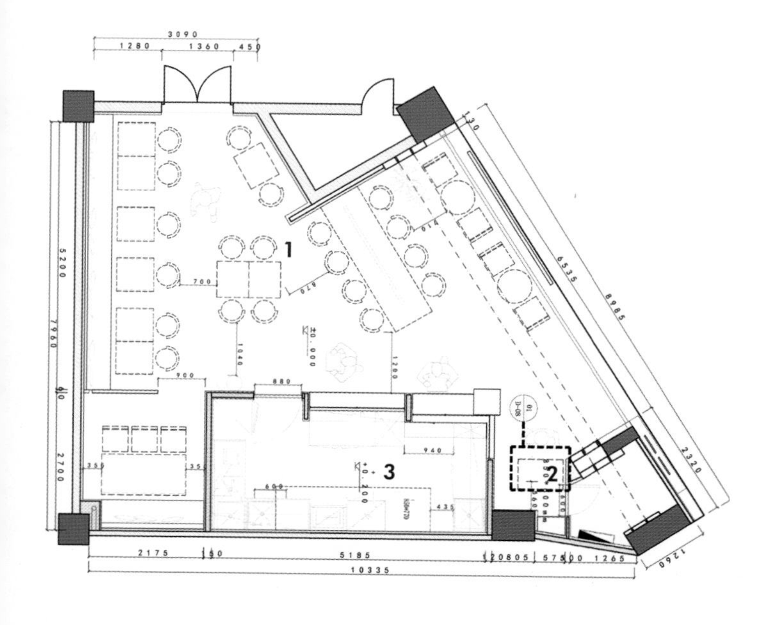

平面图

1. 就餐区
2. 收银台
3. 厨房

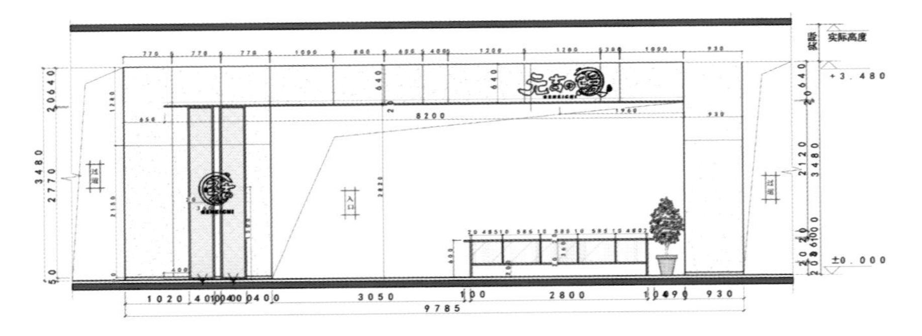

立面图

背景

元吉の鳗鱼饭是店主开设的第一家店，位于人流较大的深圳罗湖喜荟城。店主的想法很简单，只是想通过对鳗鱼饭的匠心制作打造从食物的品质到生活的品质都有着较高要求的内涵餐，引导消费者追求品质生活的一种态度。

设计理念

设计师通过对餐厅品牌引入新的理念，背离传统简餐、快餐、正餐的理念，采用北欧生活化的空间以及日本多元化的点缀，来赋予鳗鱼饭对消费者新的表现。用全新的解读方式向人们表达餐厅与顾客、食物与用餐者的亲密关系。

设计师想打造的不仅仅是一个吃饭的地方，而是一个情感交流的场所，希望顾客能通过用餐环境而感受到餐厅对生活的一种态度。在这个项目中，设计师将烤鳗鱼饭的火焰通过天花的造型带到餐厅中，作为空间中的视觉焦点。高低错落的排布着的抽象化火苗形态，为人展现的是传统工艺制作的鳗鱼料理，以视觉的冲击来碰撞味觉的感受，为顾客带来最真的用餐体验。

这里是一个生活化的“鳗星人”聚集地，不同于一般日本元素设计，设计师运用单一的灰色和细腻的质感以及温润的木材来重现餐厅生活化的一面，以此来拉近消费者与餐厅的距离。

在软装方面，设计师将元吉日常生活的场景的插画挂在墙壁上。一幅幅美食画集，一个个生活场景，让消费者在味觉感受到元吉鳗鱼饭的美味同时，还能从视觉上了解元吉的历史。

料理の初心
sushi Bar

设计：Masquespacio 设计工作室（http://www.masquespacio.com）

摄影：路易斯·贝尔特兰（http://www.luisbeltran.eu）

地点：西班牙 瓦伦西亚

80m²

如何用时尚特色诠释古老的东方风格

Kento 寿司店

设计观点

- 寻找带有浓郁东方风格的特色元素
- 强调定制理念

主要材料

- 金属、砖、混凝土

平面图

1. 就餐区
2. 陈列柜
3. 厨房
4. 卫生间

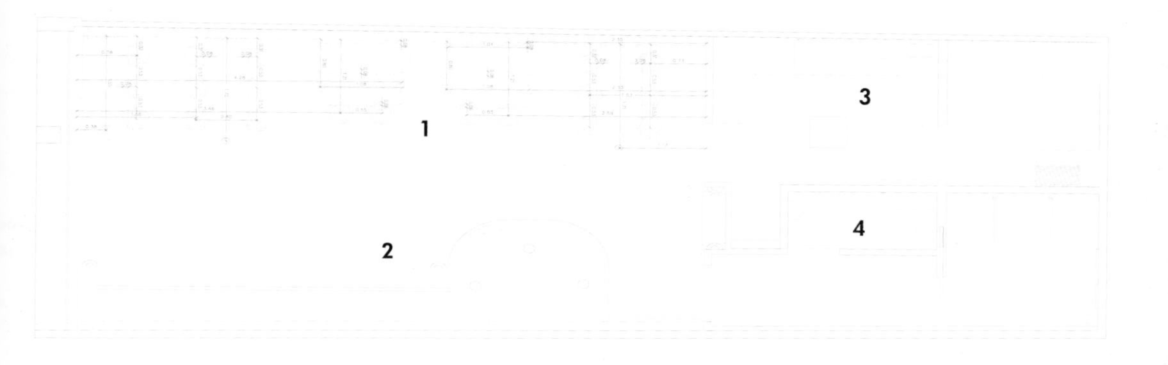

背景

Kento 是一家位于瓦伦西亚的连锁餐厅，主要供应日式寿司及其他一些特色菜系，由 Eduardo Hijlkema 创建。其初衷是为了寻找一种健康的饮食方式，并因此而深入研究日本菜系。其后，为了能够运用合理的价格售卖高品质的寿司（并提供外带服务），他创办了 Kento。Masquespacio 设计工作室为其打造了位于瓦伦西亚的最后一家店面，而 youtuber 知名大厨（拥有 30 万粉丝）则负责推广及宣传。

设计理念

在空间设计上，Masquespacio 工作室致力于寻找带有浓郁特色的传统的东方风格装饰元素，旨在能够为其在竞争激烈的餐饮市场上打造属于自己的特色。

4,90€
FUTOMAKI
GAMBA
TEMPURA
太巻き
KENTO
KENTO
4,90€
FUTOMAKI
GAMBA
TEMPURA
KENTO

4,90€
FUTOMAKI
GAMBA
TEMPURA
KENTO

设计师 Ana Hernández 说："虽然第一家餐厅主要以寿司为主，但考虑到 Kento 未来的发展，我们仍想要创造一种整体设计，以提供添加其他类型的东方食品的可能性，而不是都与日本相关的。为此，我们将日本元素和整体东方美学融合，并将其带入室内空间设计中。"古老风格可以诠释，但仍需创作出时尚的形象。

通过这种方式，设计师运用金属元素、砖块和混凝土展现出都市现代风格，而木材的加入，则增添了一丝温暖。精心选择的颜色构筑了一个有趣却严肃的外观，带来一种戏谑的喜感。值得一提的是，Kento 主要提供外带服务，但内部也设有座区，方便顾客。

EL VILLA
/VERMUTERIA///DEL///MAR/

设计：AMOO 设计事务所

摄影：乔塞·埃维亚

地点：西班牙 巴塞罗那

87.2m²

如何将 20 世纪的古老空间改造成现代风格餐馆

别墅餐馆

设计观点

- 尊重原有建筑状况
- 从不同方面进行修复

主要材料

- 软木、瓷砖、大理石

平面图

1. 就餐区
2. 卫生间

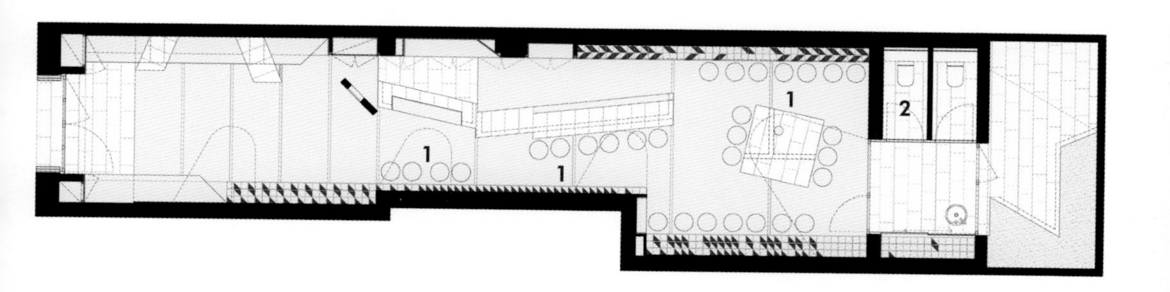

背景

餐馆位于巴塞罗那格雷西亚社区一栋建筑的底层，这里已被列为 C 级保护建筑。从 20 世纪 90 年代起，这里一直经营着一家酒吧。其内部空间与 20 世纪初巴塞罗那的绝大多数底层一样，呈现管状造型，后侧有一个小小的天井。

设计理念

整体设计工作从以下 4 个方面进行。

外观修复：原入口门洞高达 4.5 米，且仅一半高度被遮蔽，放置着排烟网结构和一个半透明的超大招牌。设计师将所有这些元素清除，将其恢复到最原始的状态。

无障碍性：室内入口坡道被改造后更加平缓，其坡度小于 4%，并一直以此角度延续到吧台处。

自然照明：恢复最初外观结构之后，设计师将原有天花拆除，将光线引入。空间最后侧，封闭结构被打开，卫生间被移除，随后开了两个较大开口，引入更多光线。

声学舒适性：考虑到公共场所的声学要求，天花和部分侧墙都覆盖了软木嵌板，这是一种吸音材料，可以避免混响，也可以减少向邻居传播噪声。软木独特饰面也被用作该空间的装饰主题。

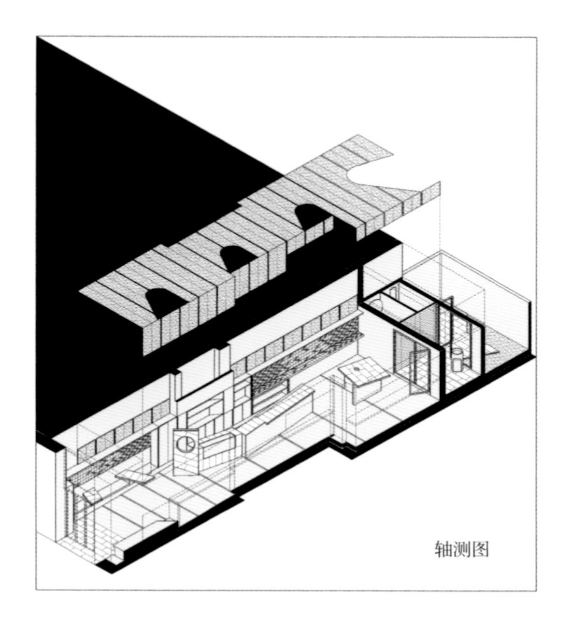

轴测图

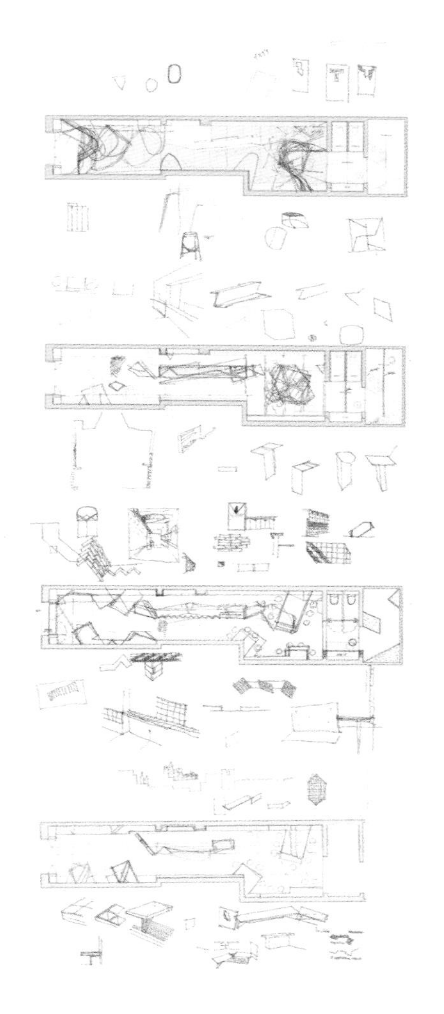

草图

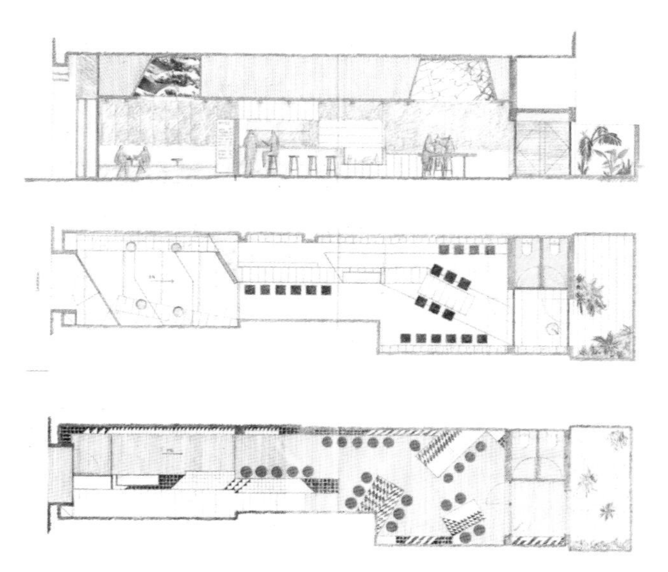

手绘图

完成以上基础工作之后，设计师将后续工作分为两步执行。首先，地面、天花及墙面装饰，分别采用瓷砖及软木覆盖，形成统一连续感。随后，打造了一系列大理石饰面结构，散落在整个空间内，并通过几何造型进行排列。

四周环境：正如前面所说，吊顶和部分墙壁采用软木饰面，同时通过切割形成规则的分割线，既用于增强节奏感，又用于悬挂灯泡（犹如飘浮在空中一般）。此外，吊顶上专门预留的一些孔洞用于增强轻盈感，同时营造自然天顶照明的感觉。大部分墙面都配置了吧台，或以蓝白相间的瓷砖打造，或以纯白色瓷砖打造，不同拼接方式形成了不同的图案，犹如壁画一般排布着，更让人联想到安达卢西亚人的阿拉伯风格。最后，一条连续的自平整路面与墙体相联系，给人一种抽象感。

家具物件：两张桌子、折叠屏风、吧台占据空间的大部分。每一个物件，都以其独特之处赋予餐厅每部分不同的性质，为顾客创造不同的氛围。高脚凳是专门设计的，运用软木（吊顶和墙面）与建筑的其他部分联系起来。别具一格的洗手盆与天井内的小景相映成趣，格外引人注目。

地狱牛蛙面

设计：XU 工作室

设计团队：徐意俊、许施瑾

摄影：徐意俊

地点：中国 上海

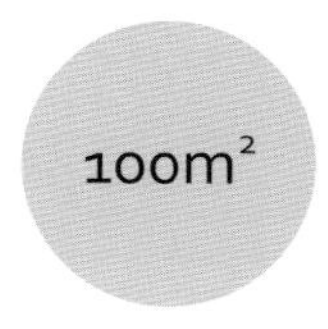

如何用设计还原一碗面的味道

80 后面馆

设计观点

- 以“专心吃一碗面”为设计理念
- 真实材料，不失匠心

主要材料

- 混凝土、白色橡木

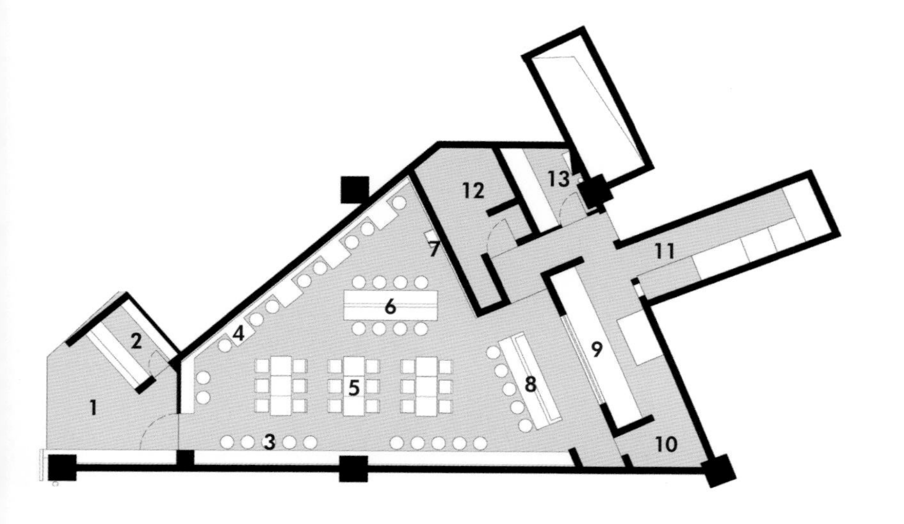

平面图

1. 收银台 & 点餐台
2. 入口 & 等候区
3. 靠背椅座区（10 人座）
4. 高脚椅座区（8 人座）
5. 普通座区（24 人座）
6. 靠背椅座区（8 人座）
7. 洗手池
8. 靠背椅座区（4 人座）
9. 开放式厨房
10. 洗碗区
11. 厨房
12. 存储间
13. 员工更衣室

背景

“我们不兜售情怀，只想还原一碗面应有的味道。”年轻的 80 后夫妻委托项目时的这句话打动了设计师。

设计理念

项目场所处于商场转角位，被相邻的店铺相夹，露出一个狭窄的门面，步入体验难免局促。

对于一家分寸必争的小店，设计师反其道而行，退让出狭小的门头作为开放式的点单收银区和等座区，以欢迎的姿态“迎接顾客回家吃面”，一侧的白墙上一首小诗描绘面馆的品牌故事。

退居其后的正式空间划分为后厨储藏区和就餐区，中间以开放式厨房连接两者，顾客在等餐间隙可以清楚地观看面条的制作，上汤、装盘、配浇头。一层清透的玻璃让顾客与主厨之间有了交流，拿到手里的面自然有了温度，多了安心。

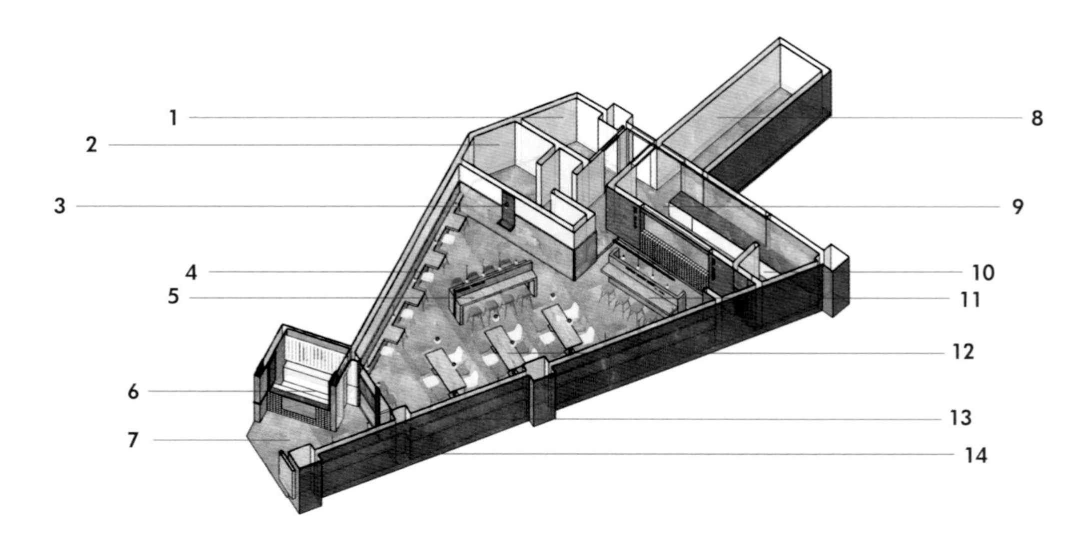

轴测图

1. 员工换衣间
2. 存储间
3. 洗手池
4. 高脚椅座区（8 人座）
5. 靠背椅座区（8 人座）
6. 收银台 & 点餐台
7. 入口 & 等候区
8. 厨房
9. 开放式厨房
10. 洗碗区
11. 靠背椅座区（4 人座）
12. 普通座区 （24 人座）
13. 靠背椅座区（10 人座）
14. 品牌故事墙

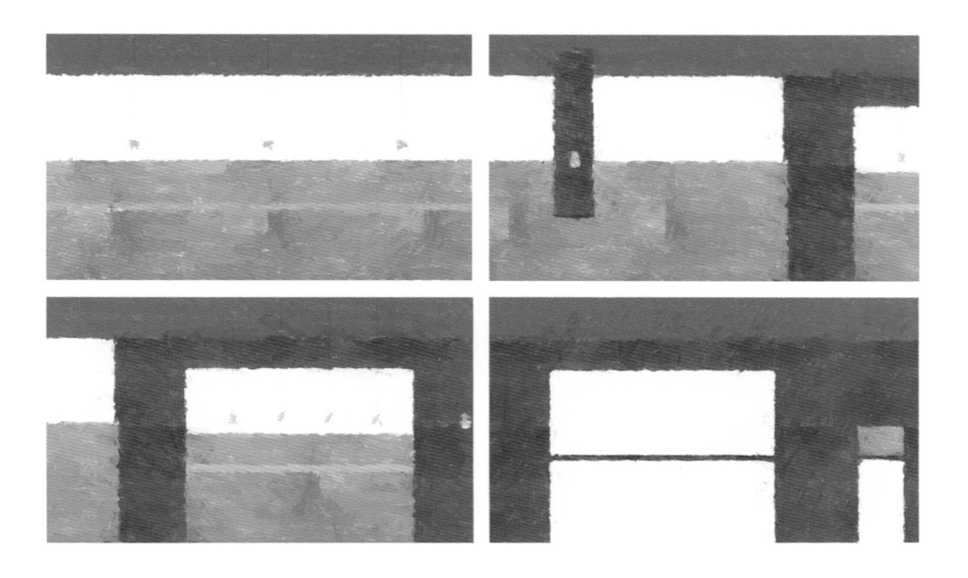

色彩概念图

两侧高吧台顺着墙体流线排布，高效简单。在我们固有的概念里，对着墙壁吃面不免局促孤单，而这正是店主与设计师想传达的理念“专心吃一碗面”，对着水泥墙面，吊着一盏温暖小灯，照亮眼前一碗香气四溢的面，此刻心里的念头就是享受这碗面带来的满足。

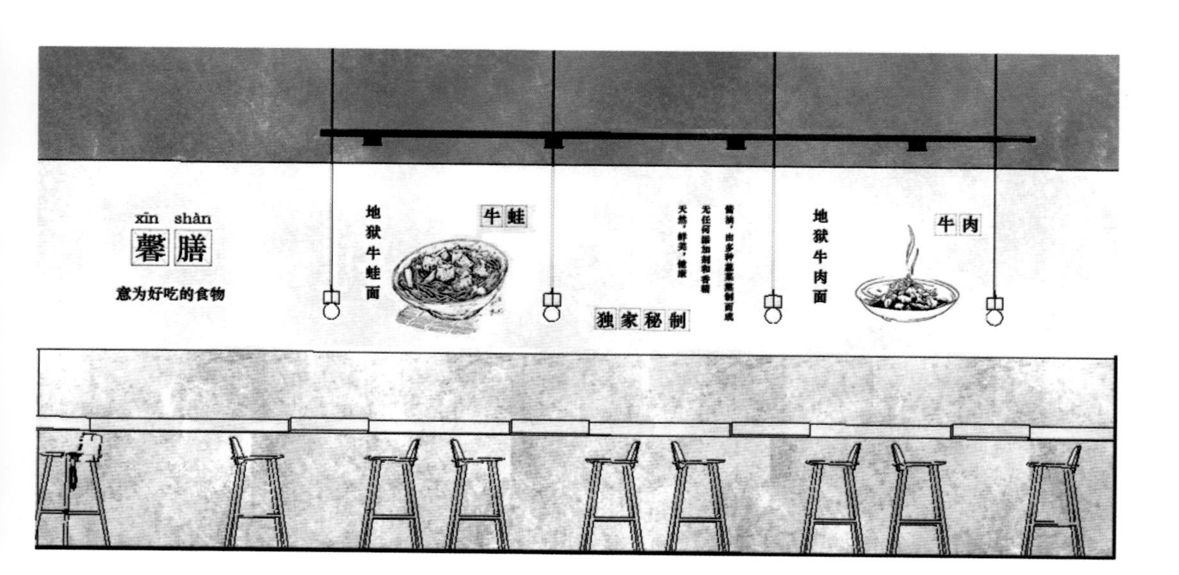

立面图

一面是火焰。

钢板酸洗氧化，随着时间的推移产生色泽变化，工匠的手工刷洗留下泼墨般的痕迹；硅钙板防潮耐污与水泥地坪自然衔接；白橡木色泽清雅，触感温润；白墙腻子留下工匠手刷横纹，呼应空间横向光带，这些细节对抗着现代工业的批量生产，以原始的手工方式一遍一遍涂刷打磨，设计师意图抛弃快餐式风格化的堆砌，还原室内空间的本质与真实。

井梅
JING
MEI
BUSINESS TIME
西新飯
手足护理

设计：南筑空间设计事务所

主创设计师：王海

摄影：陈铭

地点：中国 无锡

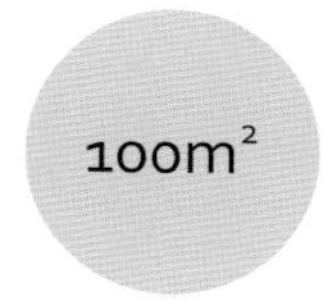

如何构思一处让食客与食物交流的就餐空间

井梅酥面

设计观点

- 摒弃多余装饰
- 以中性简约为主题

主要材料

- 水磨石、硅藻泥、铁板喷塑

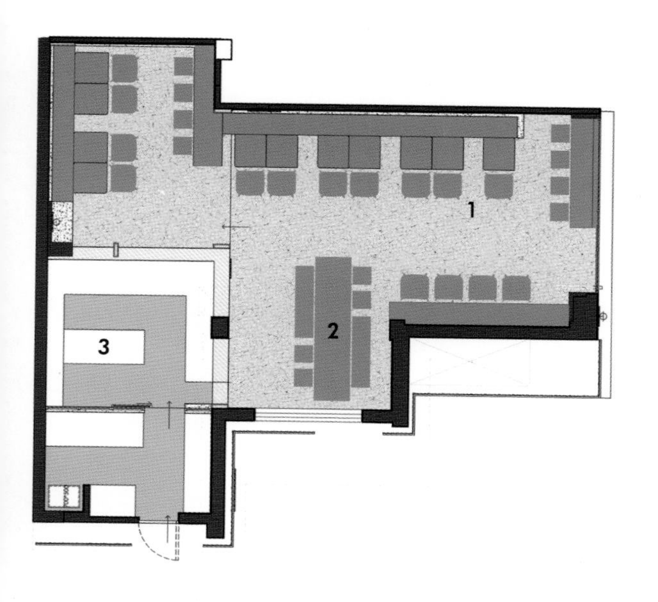

平面图

1. 就餐区
2. 点餐接待
3. 厨房

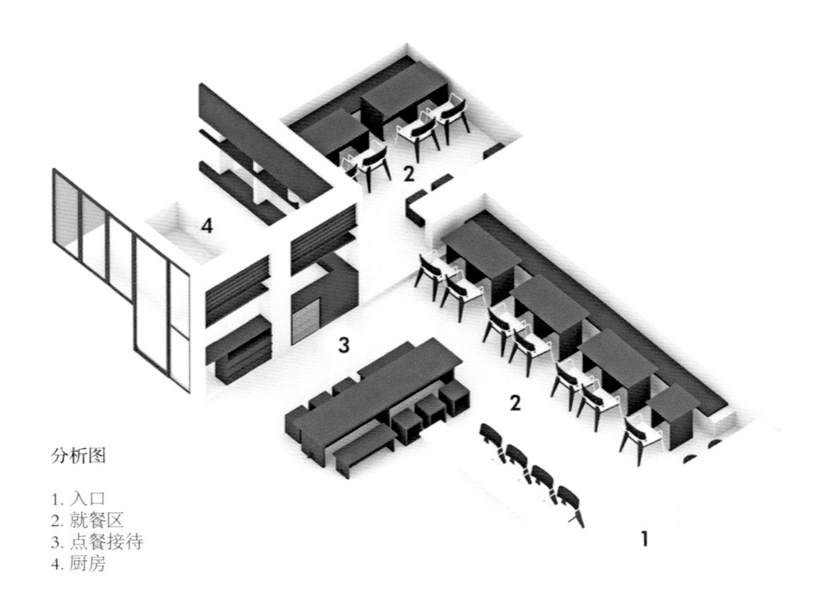

分析图

1. 入口
2. 就餐区
3. 点餐接待
4. 厨房

背景

井梅酥面选址于江苏无锡市城区中心，交通便利，周边面貌呈现出新老交替的特征。

设计理念

设计上以纯粹的基调作为出发点与喧杂的外部环境形成对比，让进入其中的顾客获得截然不同的感受。简洁的环境体验使顾客专注于食物本身，从而营造出食物与人对话的氛围。

入口朝向城市街道，设计以体块感强化了界面，在视线可以互相穿透的同时保持内部的完整性。平面以开放性为主，将收银与明厨结合在了一起，入口的视线也刚好能看到收银区域与上方的菜单。

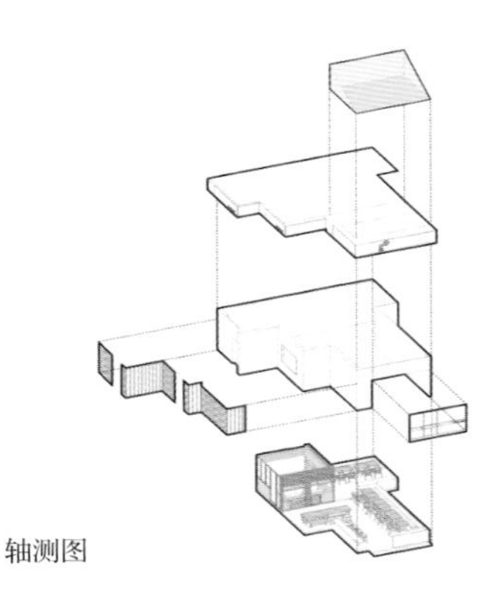

轴测图

井梅
JING
MEI

JINGME
把幸福装进
肚子里

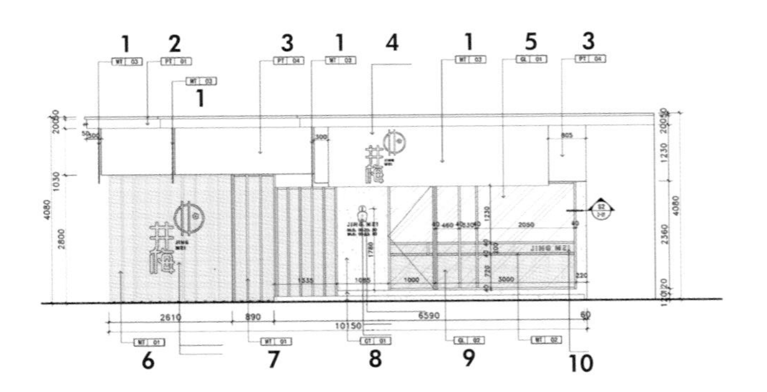

立面图 A

1. 钢板白色磨砂喷漆
2. 白色外墙涂料
3. 灰色外墙涂料
4. 发光 LOGO 及发光字
5. 钢化玻璃
6. 钢网灰色磨砂喷漆
7. 40 × 20 方管灰色磨砂喷漆
8. 水磨石（现场浇筑）
9. 夹丝玻璃
10. 金属字

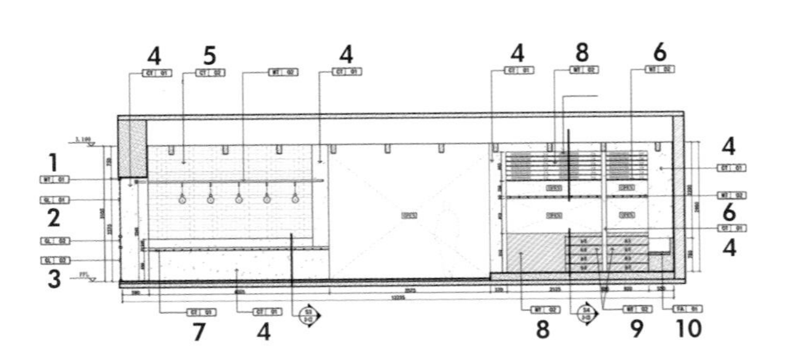

立面图 B

1. 40 × 60 方管灰色磨砂喷漆
2. 钢化清玻璃
3. 夹丝玻璃
4. 水磨石（现场浇筑）
5. 小白砖（表面经白色乳胶漆处理，留 5 毫米凹缝）
6. 钢板黑色磨砂喷漆（暗藏 LED 灯带）
7. 水磨石台面（暗藏 LED 灯带）
8. 钢板黑色磨砂喷漆
9. 钢板黑色磨砂喷漆抽屉
10. 皮革坐垫

内部以黑白灰作为主色调，当中考虑了以材料特性作为空间质感呈现的一部分，白色硅藻泥墙顶面与灰色水磨石墙地面作为基础，辅以定制的黑色家具与吊灯。在建造过程中保留并改造了原有的局部坡顶，使空间层次更为立体。

餐饮客座区利用了原本不规则的空间做了合理化区隔，对应不同人数的就餐需求。不同的功能区域通过设计结合为一个整体，排除了不必要的装饰。

JING MEI

小 面 积 休 闲 快 餐 厅 设 计 技 巧

1

空间功能及动线设计

休闲快餐厅面积相对较小，因此需进行整体设计，确定各个功能区的范围，比如厨房区以及用餐区、收银区等，这些区域都要经过合理的规划，既要考虑全局与部分间的和谐、均匀、对称，又要表现出浓郁的风格情调，以让客人走进来即可在感官上体会到形式美与艺术美。

休闲快餐厅中服务人员的动线长度对工作效率有着直接的影响，原则上越短越好。注意，一个方向上的动线不要设置得过于集中，尽量以直线为主。另外，建议设置区域台面，用于存放餐具，更有助于缩短服务人员行走路线。顾客动线要求采用直线，以免造成混乱，入口至座位之间的通道要保持畅通无阻。（图 1、图 2）

空间表面装饰

墙面的选择要恰到好处，可以相对简单一些。墙面饰以什么颜色，需要何种装饰，一方面需要根据室内空间颜色基调决定，一方面需要根据空间大小决定。

通常情况下，可以直接刷白后，配上岩画、字画、壁挂等饰物，会使简单的墙面变得高雅许多。休闲快餐厅的空间相对较小，因此建议选用镜子，在视觉上增添空间的面积，进而营造优雅的氛围，以增加用餐者的食欲，给人以宽敞、舒适的感觉。（图

2

3

4

3）

地面是餐厅最直接、最直观展现在顾客面前的形象。干净整洁的地面，也会使顾客心情愉悦。反之，会给顾客留下差的印象，从而影响客流量。因此挑选合适地板材料格外重要，建议选用当下比较流行的防滑的仿木瓷砖。（图 4）

如果不是工业风格的休闲快餐厅，一般都会涉及天花设计。吊顶设计中可以采用多种形式、多种风格，例如最常见的平板吊顶，随后便是异型吊顶、局部吊顶、格栅吊顶手法。建议根据餐厅整体风格选择适合的吊顶。（图 5）

5

6

桌椅选择及摆放

桌椅的形式、数量和品质要与餐厅的规模和经营方式相协调。休闲快餐厅设计需以高效利用有限的空间为前提，因此单座和双座的方式比较普遍，座椅的造型需要干净利落有特色，座椅的材质需要具备经久耐用、耐磨等特性。餐桌一般包括圆桌、方桌和长桌三种形式。通常情况下，中方桌和小圆桌是休闲快餐厅的首选，适于摆放出富于变化的布局，既能让顾客感到舒适，又可以提升空间格调。尤为注意的一点是，座椅的品质、材质、色调和风格要与餐桌保持一致。

桌椅排放可以说是一门学问和艺术，在同样的可用空间内，同样的座位数量通过恰当的摆放手法，不仅使餐厅更富有设计感，还能提高品质。建议在面积相对较小的休闲快餐厅中适当使用隔板或屏风，隔出合适的小空间，方便客人使用。当然在桌椅摆放设计中也需要注意人员的流动性、就餐的方便性。（图6）

7

色彩搭配

餐厅的整体颜色会在一定程度上影响消费者的行为，因此合理地运用色彩搭配，会达到意想不到的效果。

色彩可以“改变”空间大小

合理的颜色搭配会在视觉上造成一种错觉，可能让空间更有层次感，抑或是在视觉上扩大空间面积。

色彩能够影响顾客体验

色彩可以造成“时间错乱”，人看着红色，会感觉时间比实际时间长，而看着蓝色则感觉时间比实际时间短。这也是许多休闲快餐厅选择红色或者黄色作为店铺装修主色调的原因。有研究表明：人长期待在一个暖色调的环境中会产生一定的焦虑感。这就从侧面加快了人群的流动，提升餐厅翻台率。（图7、图8）

8

灯光设计

光线能够影响客人的进餐，因此需格外注意照明问题。据统计，光线明亮，客人的进餐速度会加快，反之客人的进餐速度会减缓。以下照明细节可供参考。

采用多种光线组合的方案

在现实生活中，人们普遍用的光源包括日光灯、白炽灯、色光等。这些光源本身都有着自己的优点和缺点，为了可以让休闲快餐厅的灯光的光线既有高度、经济，又可以让人们感觉舒适、刺激食欲，在灯光设计时是采用多种光线的结合使用。例如，主开关光源使用普通的日光灯或者白炽灯保证室内光线的亮度，展现食物的本色，而在室内吧台和食品柜等特殊的地方使用射灯来装饰，如红色灯光照射的吧台、家具看起来更加柔和，食物也更加具有食欲。（图 9、图 10）

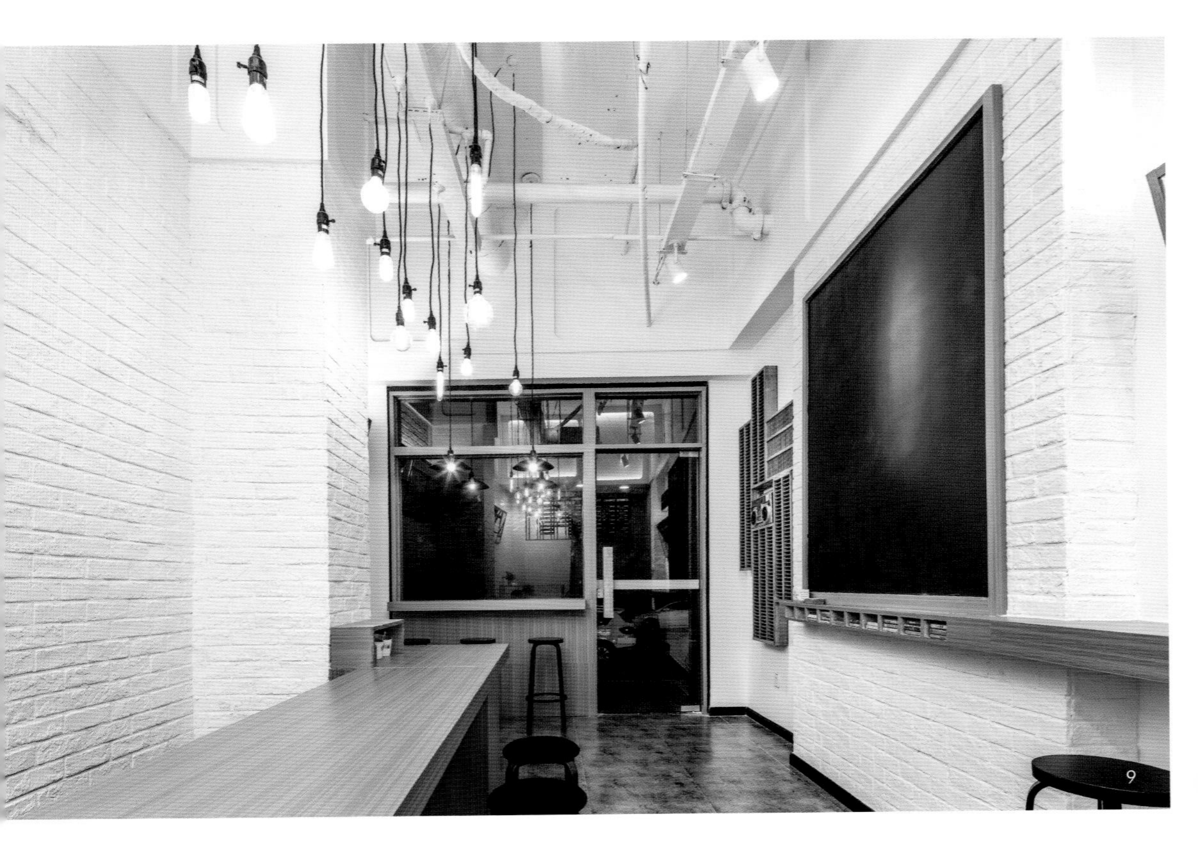

9

照射方式多样化

为了让多样化的灯光光源更加突出，在照射方式上也要各有不同。例如在就餐大厅所在的区域使用整体光线的照射方式，而在吧台等特殊地方采用色光光源的区域照射方式。此外，当顾客不多时适当关闭一部分光源，或者调节部分光源让整体光线富于变化，也可以突出区域光线进而营造别样气氛，这些都是不错的照射方式。

索 引

P

Parallect Desig

Plot Architecture Office

S

sella-concept

Shanghai hengtai architectural

Studio DOHO

STUDIO VURAL

T

Techne Architecture + Interior Design

THE CORNERZ + KODE ARCHITECTS

X

XU Studio

Y

Yatofu Creatives

图书在版编目（CIP）数据

小空间设计系列 II．餐厅 /（美）乔·金特里编；李婵译．— 沈阳：辽宁科学技术出版社，2020.5
ISBN 978-7-5591-1252-1

Ⅰ．①小… Ⅱ．①乔… ②李… Ⅲ．①餐馆－室内装饰设计 Ⅳ．①TU247

中国版本图书馆 CIP 数据核字（2019）第 186154 号

出版发行：辽宁科学技术出版社
（地址：沈阳市和平区十一纬路 25 号 邮编：110003）
印 刷 者：上海利丰雅高印刷有限公司
经 销 者：各地新华书店
幅面尺寸：170mm×240mm
印 张：13.5
插 页：4
字 数：200 千字
出版时间：2020 年 5 月第 1 版
印刷时间：2020 年 5 月第 1 次印刷
责任编辑：鄢 格
封面设计：关木子
版式设计：关木子
责任校对：周 文

书 号：ISBN 978-7-5591-1252-1
定 价：98.00 元

联系电话：024-23280070
邮购热线：024-23284502
http://www.lnkj.com.cn